技能型人才培训教学用书
职业技术院校机械类专业技能培训模块教材

量具、量仪与测量技术

技能培训模块教材编审委员会组织编写
顾小玲　主编

机械工业出版社

本套教材是根据国内一体化教学的实践经验，同时借鉴了 CBE、MES 及双元制培训的有效核心，并参照《国家职业标准》的要求，会同专家综合分析、反复论证和设计后编写的。课题设计以技能实训为主，采用模块式组合教学，将专业理论知识贯穿于技能操作全过程。全书突出能力培训，重视知识、能力、素质的协调发展。本书的主要内容包括：测量技术基础，常用量具、量仪的结构、原理及使用方法，三坐标测量机的使用、测量仪管理操作、建立零件坐标系及其测量软件系统。

本教材可供中等职业技术学校、技工学校使用，也可作为高职高专、高级技工学校的专业技能培训及继续教育、企业岗位培训和再就业转岗培训教材等。

图书在版编目（CIP）数据

量具、量仪与测量技术/顾小玲主编. —北京：机械工业出版社，2008.10（2025.8 重印）

职业技术院校机械类专业技能培训模块教材

ISBN 978-7-111-25146-0

Ⅰ. 量… Ⅱ. 顾… Ⅲ. ①计量仪器-高等学校：技术学校-教材②测量学-高等学校：技术学校-教材 Ⅳ. TH71P2

中国版本图书馆 CIP 数据核字（2008）第 143541 号

机械工业出版社（北京市百万庄大街 22 号 邮政编码 100037）

策划编辑：荆宏智 责任编辑：荆宏智 吴天培 版式设计：张世琴

责任校对：李 婷 封面设计：王伟光 责任印制：孙 炜

北京华宇信诺印刷有限公司印刷

2025 年 8 月第 1 版第 14 次印刷

184mm×260mm · 10.5 印张 · 257 千字

标准书号：ISBN 978-7-111-25146-0

定价：29.80 元

电话服务 网络服务

客服电话：010-88361066 机 工 官 网：www.cmpbook.com

010-88379833 机 工 官 博：weibo.com/cmp1952

010-68326294 金 书 网：www.golden-book.com

 机工教育服务网：www.cmpedu.com

技能培训模块教材编审委员会

主　任　李春明
副主任　叶聚丰　徐维权　郑　卫
委　员（按姓氏笔画排序）
王洪琳　白晓杰　刘冰洁　刘燕霄　沈永红　严敏德
张同兴　张　伟　范继彤　周　云　袁士琴　顾小玲
屠国栋　谢耀林

《量具、量仪与测量技术》编审人员

主　编　顾小玲
参　编　周　翔
主　审　范继彤

序

“十五”以来，我国的职业教育得到了空前的发展，“以就业为导向”的教学改革不断深化，以职业能力为依据组织课程内容已成为课程改革的方向，一本适应以职业能力为主的教材成了职业技术院校在教学改革实践中的渴求。为了适应职业教育改革的需要，我们组织有多年一体化教学实践经验的学校，借鉴CBE、MES及双元制的有效核心，编著了这套“职业技术院校机械类专业技能培训模块教材”，供中等职业技术学校、技工学校使用，也可作为高职高专、高级技工学校的专业技能培训及继续教育、企业岗位培训和再就业转岗培训教材等。

本套教材的编写遵循了以下原则：

第一，以职业能力为核心，采用模块式教学的形式

以能力复合为基础，以职业能力为核心，会同专家综合分析、反复论证开展课题组织与设计，由子模块组成相应主模块，采用模块式组合教学。

第二，以工作任务为引领，每一课题均有明确的目标

以工作任务为引领，以产品为成果，每一课题均有明确的目标，以工作任务为中心整合理论与实践，重视知识、能力和素质的协调发展，使学生在实践活动中接受理论、运用理论，关注工作任务的完成。

第三，以技能操作为重点，将实践和理论融为一体

课题设计主要以强化实践动手能力为主，突出能力培训，重点加强应用实例的讲解，将必要的专业理论知识融合贯穿于技能操作全过程中，实现理论、技能一体化的教学模式，为学生提供体验完整工作过程的机会。

第四，以新技术为追求，引进数控加工技术

在任务引领的基础上，适度前瞻，安排了数控加工技术的内容，以适应数控加工的任务。

第五，教材图文并茂，便于自学自练

教材以图文并茂的方式呈现给学生，相关操作步骤或理论知识同图形一一对应，便于学生自学和自练。

第六，每个课题有目标、有步骤、有总结

每个课题前面有学习目标和提示，中间有详细步骤和分析，最后有归纳总结和练习。

本套教材由《金属切削加工基础》、《量具、量仪与测量技术》、《金属切削加工技能（上册）》、《金属切削加工技能（下册）》和《数控加工操作技能》五个模块组成，各模块相对独立，各学校可根据教学实际需要进行选取。

本套教材的编写得到了有关院校和企业的教师、专家及行业高级技能人才的大力支持，在此表示衷心的感谢。

改革是个永恒的主题，我们也是首次组织编写此类教材，由于经验和水平所限，教材中难免存在不足之处，我们真诚地希望广大读者提出宝贵的意见。

技能培训模块教材编审委员会

前　　言

《量具、量仪与测量技术》是机械类专业的一门实用性较强的技术基础课。

本书各章节以实例导入作为开头，以实训结尾，系统地介绍了现代测量技术的相关知识。本书内容共分16部分，包括测量技术基础、游标卡尺、外径千分尺、指示表、内径指示表、杠杆指示表、直角尺、游标万能角度尺、量块与正弦规、水平仪、光学平直度测量仪、表面粗糙度测量仪、三坐标测量机 TUTOR for windows 系统、测量头管理、建立零件坐标系、测量软件系统等。本书各课题开头均有学习目标、相关工件、图样、量具等，课题末尾附有思考与检查、技能练习、技能检查、评分表、课题小结等，形式灵活多样，难度适中，以帮助教师授课，学生课后自学。

本教材具有以下特色：

(1) 选材方面　选材采用最新的国家标准和行业标准等。

(2) 编写方法　本教材力求以应用为目的，以必需、够用为度，以讲清概念、强化实践动手能力为重点，贯彻以任务为引领，以项目为载体原则。培养学生关注工作任务的完成，而不是迫使学生记忆知识，并为学生提供了体验完整测量过程的学习机会，解决了“理论教学与实践教学相脱节”这个长期困扰职业教育的技术问题。

(3) 内容编排　内容安排紧凑，重点加强应用实例的讲解，每课题均提出教学内容，要达到学习目标，讲述每一种测量量具的结构、形状、用途、原理、使用场合、识读方法、测量手势等。用通俗易懂的语言，由浅入深讲解，图文并茂地说明术语，定义、公式和测量技能、技巧。

(4) 适用性　本教材学习目标明确，教学上以技能、技巧为主线、理论与技能有机结合。重在教会学生掌握必需的专业知识和技能。

(5) 新颖性　每一课题开头均有本节学习目标、相关工件、测量图样、思考与检查、技能练习、技能检查、技能检查评分表、课题小结，采用一段文字用一张图来说明教学方法，便于老师指导教学，帮助学生巩固所学知识，培养学生分析问题，解决问题能力。

本教材适用于中专、技校、各种机械类短训班，近机械类专业的基础知识教学用书，也可供有关计量工程技术人员参考。计划授课40~60学时，教师可根据需要对课时进行调整。

由于编写时间仓促，编者水平有限，书中难免存在错误和不当之处，恳请广大读者批评指正。

编　者

目　　录

序
前言
测量技术基础 …… 1
一、概述 …… 1
二、长度基准和长度值传递系统 …… 1
三、计量器具与测量方法 …… 3
四、测量误差和数据处理 …… 5
课题 1　游标卡尺 …… 8
一、常用游标卡尺的结构形状 …… 10
二、游标卡尺的刻线原理 …… 11
三、游标卡尺的读数方法（以 0.02mm 游标卡尺为例） …… 12
四、游标卡尺的使用方法 …… 12
五、使用游标卡尺时的注意事项 …… 15
课题 2　外径千分尺 …… 20
一、常用外径千分尺的结构形状 …… 23
二、外径千分尺的传动原理 …… 23
三、外径千分尺的使用方法 …… 24
四、使用外径千分尺时的注意事项 …… 26
课题 3　指示表 …… 30
一、指示表的工作原理 …… 32
二、指示表的测量范围 …… 32
三、指示表使用前检查其完好性 …… 33
四、指示表的安装 …… 33
五、指示表的使用方法 …… 34
六、使用指示表时的注意事项 …… 35
课题 4　内径指示表 …… 38
一、内径指示表的种类和规格 …… 40
二、内径指示表的传动原理 …… 41
三、内径指示表的组装步骤 …… 42
四、内径指示表零位的调整方法 …… 43
五、内径指示表的使用方法 …… 44
六、内径指示表测量时的识读方法 …… 45
七、使用内径指示表时的注意事项 …… 46
课题 5　杠杆指示表 …… 49
一、杠杆指示表的传动原理 …… 51
二、常用杠杆指示表的测量范围 …… 52

三、使用前杠杆指示表完好性的检查……52
四、杠杆指示表的安装……53
五、杠杆指示表的使用方法……53
六、使用杠杆指示表时的注意事项……54
课题 6 直角尺……58
一、直角尺的种类、规格……60
二、宽座直角尺的结构……61
三、宽度直角尺的使用方法……61
四、使用宽座直角尺时的注意事项……62
课题 7 游标万能角度尺……66
一、游标万能角度尺的结构形状……68
二、游标万能角度尺的刻线原理……68
三、游标万能角度尺的读数方法……69
四、游标万能角度尺的测量范围……69
五、游标万能角度尺的使用方法……70
六、使用游标万能角度尺时的注意事项……71
课题 8 量块与正弦规……75
一、量块的结构形状……77
二、量块的用途……77
三、量块的特性和应用……78
四、量块的选用及计算……78
五、量块的正确使用方法……79
六、正弦规的原理……80
七、常用正弦规的类型和规格……80
八、正弦规的使用步骤……82
九、计算锥度误差 ΔC 和圆锥角误差 $\Delta\alpha$……84
十、使用量块与正弦规时的注意事项……84
课题 9 水平仪……88
一、水平仪的类型、规格、结构及精度……90
二、框式水平仪的工作原理……91
三、框式水平仪的读数方法……91
四、框式水平仪对直线度误差的测量方法……92
五、直线度误差的计算方法……93
六、测量直线度误差时的注意事项……94
课题 10 光学平直度测量仪……98
一、光学平直度测量仪的工作原理……100
二、光学平直度测量仪的光学系统图……101
三、光学平直度测量仪的读数方法……101
四、光学平直度测量仪对直线度误差的测量方法……102
五、直线度误差的计算方法……103
六、测量直线度误差时的注意事项……104
课题 11 表面粗糙度测量仪……107

一、表面粗糙度的概念 …… 109
二、表面粗糙度的国家标准 …… 109
三、表面粗糙度要求的图样标注 …… 112
四、表面粗糙度的几种测量方法 …… 113
五、表面粗糙度的检测 …… 114
六、表面粗糙度检测时的注意事项 …… 118
课题 12　三坐标测量机 TUTOR for windows 系统 …… 120
一、三坐标测量机的类型 …… 122
二、TUTOR for windows 系统 …… 123
三、TUTOR for windows 测量机（手动或机动） …… 124
四、三坐标测量机的使用 …… 125
五、练习拨动操作杆时的注意事项 …… 129
课题 13　三坐标测量机测量头管理操作 …… 133
一、三坐标测量机测头体 …… 135
二、三坐标测量机的测尖类型 …… 135
三、三坐标测量机的测头组合 …… 136
四、三坐标测量机的智能分度头 …… 137
五、三坐标测量机的测头标定 …… 138
六、三坐标测量机测头标定时的注意事项 …… 141
课题 14　三坐标测量机建立零件坐标系 …… 143
一、建立零件参考坐标系的原则及类型 …… 145
二、存储参考系统 …… 148
三、建立零件参考坐标系时的注意事项 …… 149
课题 15　三坐标测量机测量软件系统 …… 151
一、测量软件系统的内容 …… 153
二、测量 …… 155
三、测量存储器的管理 …… 156
四、注意事项 …… 157

测量技术基础

一、概述

在机械制造中，技术测量主要是研究对零件几何参数进行测量和检验。

所谓测量，就是将被测的量（如长度、角度、表面粗糙度等）与具有计量单位的标准进行比较，从而确定被测量的量值。用公式表示为：

$$L = Eq$$

式中 L——被测值；

q——比值；

E——计量单位。

检验是与测量相似的概念，确定被测量是否在规定的验收极限范围内，以便作出零件是否合格的判断，而不一定要确定其量值。

一个完整的测量过程包括四个要素；即被测对象、计量单位、测量方法和测量精度，以及测量条件。

被测对象：在几何量的测量中，被测对象是指长度、角度、表面粗糙度和形位误差等。

计量单位：用以度量同类物理量量值的标准量。我国规定的法定计量单位中，长度计算的基本单位是米（m）；角度单位用度（°）、分（′）、秒（″）。

测量方法：是指在进行测量时所采用的测量原理、测量器具和测量条件的总和。

测量精度：是指测量结果与真值的一致程度，它体现了测量结果的可靠性。

测量条件：是指测量时零件和测量器具所处的环境，如温度、湿度、振动和灰尘等。测量时基准温度为20℃。一般计量室的温度是控制在20℃ ±(2 ~0.5)℃，精密计量室的温度控制在20℃ ±(0.05 ~0.03)℃，同时还要尽可能使被测量零件与计量器具在相同温度下进行测量，计量室的相对湿度应在50% ~60%为适宜，还应远离振动源，清洁度更高等。

二、长度基准和长度值传递系统

1. 单位和基准

我国法定计量单位中，长度的基本单位是米（m），与国际单位制一致。机械制造中常用的单位是毫米（mm）；在精密测量中，长度单位用微米（μm）。

1m＝1000mm；　　1mm＝1000μm。

米的最初定义始于1791年的法国。随着科学技术的发展，对米的定义不断进行完善。1983年，第十七届国际计量大会正式通过米的新定义如下：

“米”是光在真空中（1/299 792 458）s 时间间隔内所经路径的长度。”

1985 年，我国用自己研制的碘吸收稳定的 0.633μm 氦氖激光辐射来复现我国的国家长度基准。

2. 长度量值传递系统

在实际生产和科研中，不便于用光波作为长度基准进行测量，而是采用各种计量器具进行测量。为了保证量值统一，必须把长度基准的量值准确地传递到生产中应用的计量器具和工件上去。因此，必须建立一套从长度的最高基准到被工件的严密而完整的长度量值传递系统。我国从组织上自国务院到地方，已建立起各级计量管理机构，负责其管辖范围内的计量工作和量值传递工作。在技术上，从国家波长基准开始，长度量值分两个平行的系统向下传递：一个是端面量具（量块）系统；另一个是刻线量具（线纹尺）系统。其中以量块为媒介的传递系统应用较广。

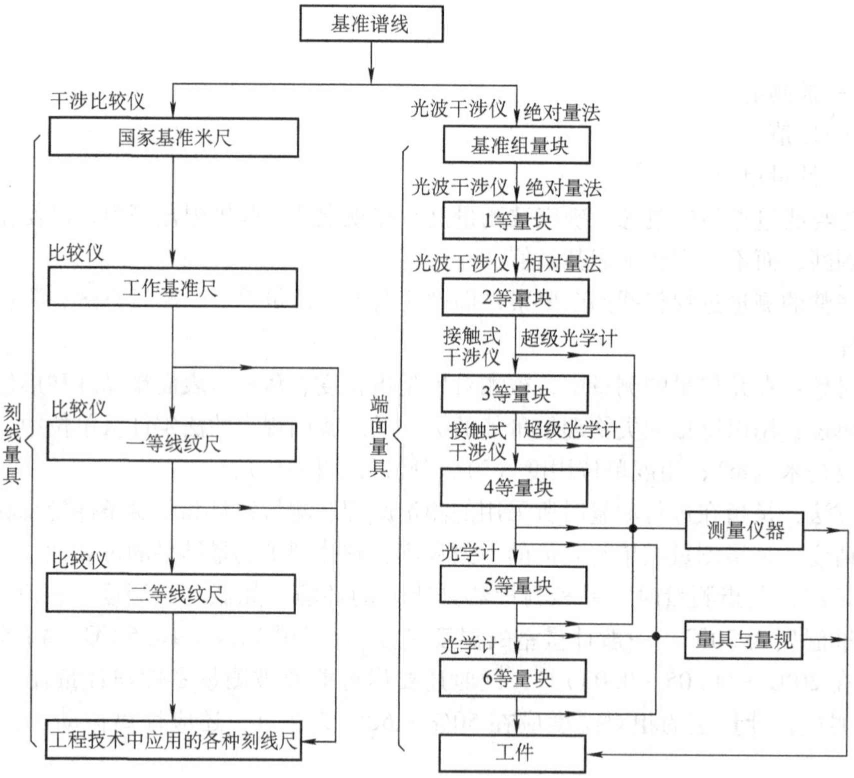

长度量值传递系统

3. 量块

量块它是无刻度的平面平行端面量具。量块除作为工作基准外，还作为标准器用于检定和校准计量器具、调整机床、精密划线，有时也用作精密测量。

（1）量块的材料、形状和尺寸　量块通常用耐磨材料（一般为 CrWMn）制成，材质稳定，硬度高，线膨胀系数小，不易变形。它形状有长方体和圆柱体两种，常用的是长方体，其中上、下两面为测量面，是经过精密加工的很平、很光的平行面。

（2）量块的精度等级　量块按制造精度分为00，0，1，2，3 五个级别，其中00 级精度最高，精度依次降低，3 级最低。

量块按检定精度分为1，2，3，4，5，6六个级别，其中1等精度最高，6等最低。

量块是精密量具，使用时要注意防锈蚀、防划伤、切不可撞击。

三、计量器具与测量方法

1. 计量器具的分类

按用途分

（1）标准计量器具　是指测量时体现标准量的测量器具。通常用来校对和调整其他计量器具，或作为标准与被测几何量进行比较。如线尺、量块、多面棱体等。

（2）通用计量器具　指通用性大、可用来测量某一范围内各种尺寸（或其他几何量），并能获得具体读数值的计量器具，如千分尺、指示表（旧称百分表）、测长仪等。

（3）专用计量器具　是指用于专门测量某种或某个特定几何量的计量器具。如量规，圆度仪，基节仪等。

按结构和工作原理分

（1）机械式计量器具　是指通过机械结构实现对被测量的感受、传递和放大的计量器具，如机械式比较仪，指示表和扭簧比较仪等。

（2）光学式计量器具　是指用光学方法实现对被测量的转换和放大的计量器具，如光学比较仪、投影仪、自准直仪和工具显微镜等。

（3）气动式计量器具　是指靠压缩空气通过气动系统时的状态（流量或压力）变化来实现对被测量的转换的计量器具，如水柱式和浮标式气动量仪等。

（4）电动式计量器具　是指将被测量通过传感器变为电量，再经变换而获得读数的计量器具，如电动轮廓仪和电感测微仪等。

（5）光电式计量器具　指利用光学方法放大或瞄准，通过光电元件再转换为电量进行检测，以实现几何量的测量的计量器具，如光电显微镜、光电测长仪等。

2. 测量方法的分类

根据不同的测量目的，测量方法有不同的分类。

（1）按是否直接测量被测参数分　可分为直接测量和间接测量。

直接测量：直接测量被测参数来获得被测尺寸，如游标卡尺、千分尺测量轴径。

间接测量：测量与被测参数有一定函数关系的其他参数，然后通过函数关系计算出被测量值，如测量大尺寸的圆柱直径 D 时，可通过测量周长 L，然后再按公式 $D=L/\pi$ 求得零件的直径 D。

直接测量的测量过程简单，其测量精度只与这一测量过程有关，而间接测量比较麻烦，其测量精度不仅取决于有关量的测量精度，还与计算精度有关。一般当被测尺寸不易直接测量或用直接测量达不到精度要求时，可采用间接测量。

（2）按计量器具的读数是否直接表示被测尺寸分　可分为绝对测量和相对测量。

绝对测量：计量器具的读数值直接表示被测尺寸，如用游标卡尺，千分尺测量轴径。

相对测量：又称比较测量，计量器具的读数值只表示被测尺寸相对于标准量的偏差值。被测量的整个数值等于量仪所示偏差值与标准量的代数和。如用比较仪测量轴径，必须先用量块将比较仪调零，然后进行测量，从比较仪上读到的是被测轴的直径与量块尺寸的偏差值。一般说来，相对测量的测量精度比较高，但测量较麻烦。

（3）按被测表面与计量器具的测量头是否接触分　可分为接触测量和非接触测量。

接触测量：计量器具的测量头与被测表面直接接触，并存在一定的机械测量力。

非接触测量：计量器具的测量头与被测表面不直接接触。非接触测量没有测量力引起的误差。例如，用光切显微镜测量表面粗糙度。

（4）按零件上同时被测的参数多少分　可分为单项测量和综合测量。

单项测量：分别单独测量零件的各个参数。例如，用工具显微镜分别测量螺纹的实际中径、螺纹和牙型半角等。

综合测量：测量反映零件有关参数的综合指示，例如，用螺纹量规综合检验螺纹各参数。

（5）按技术测量在加工过程中所引起的作用分　可分为主动测量和被动测量。

主动测量：在零件加工过程中进行的测量。其测量结果直接用来控制零件的加工过程，从而防止废品的发生。

被动测量：在零件加工后进行的测量。此种测量只能判别零件是否合格，仅在于发现并剔除废品。

（6）按被测零件在测量过程中所处的状态分　可分为静态测量和动态测量。

静态测量：测量时被测表面与测量头是相对静止的。例如，用千分尺测量轴径。

动态测量：测量时被测表面与测量头处于相对运动状态。例如，用动态丝杠检查仪测量丝杠的参数。

3. 计量器具与测量方法的常用术语

（1）刻度间距　计量器具标尺上两相邻刻线中心线之间的距离或圆弧长度。为了便于目力观察，一般间距在1～2.5mm。

（2）分度值　计量器具标尺上两相邻刻线间的距离所代表的量值。

（3）测量力（简称“测力”）　计量器具对被测件的测量表面（位置）施加的测量压力。

（4）示值范围　由计量器具所显示或指示的最低值到最高值的范围。

（5）测量范围　在允许误差极限内，计量器具能测出的被测量的范围。测量范围不仅包括示值范围，而且还包括仪器的悬臂或尾座等的调节范围。

（6）示值误差　计量器具的示值与被测量的真值之间的差值。

（7）示值变动性　在相同的测量条件下，对同一被测量进行多次重复测量时，计量器具所指示的最大差值。

（8）回程误差　在相同条件下，当被测量不变时，计量器具沿正、反行程在同一测量点上所指示的最大差值。

（9）不确定度　它表示计量器具在内在误差的影响下而使测量结果不能肯定的一个误差极限。一般包括计量器具的示值误差和校正零位用的标准器的误差。

（10）测量程序　根据给定的测量方法，具体地说明在实施测量中所涉及的一套理论运用和实际操作。

四、测量误差和数据处理

1. 测量误差的基本概念及产生的原因

（1）测量误差的概念　不管我们使用多么精确的计量器具，采用多么可靠的测量方法，都不可避免地会产生一些误差。测量误差 δ 是指测量结果 1 与被测量的真值 L 之差，即

$$\delta = 1 - L$$

由于 1 可能大于 L，也可能小于 L，因此测量误差 δ 可能是正值或负值。测量误差绝对值的大小决定了测量精度的高低。误差的绝对值越大，测量精度越低，反之越高。

上述测量误差又称绝对误差。若对大小不同的同类量进行测量，要比较其精度，就需要采用测量误差的另一种表示方法，即相对误差 f，它等于测量的绝对误差与被测量的真值之比，即

$$f = \frac{|\delta|}{L} \approx \frac{|\delta|}{l}$$

相对误差通常用百分数表示。

（2）测量误差产生的原因

1）基准件误差：任何基准件都不可避免地存在误差，基准件误差会带入到测量值中。一般来说，基准件的误差不应超过总测量误差的 1/5 ~ 1/3。

2）计量器具误差　计量器具误差是计量器具内在因素所引起的误差，包括设计原理、制造、装配调整存在的误差。

量仪设计时，经常采用近似机构代替理论上所要求的运动机构，用均匀刻度的刻度尺近似地代替理论上要求非均匀刻度尺，或者仪器设计时违背阿贝原则等，这样的误差称为理论误差。

仪器零件的制造误差和装配调整误差都会引起仪器误差。例如，仪器读数装置中刻度尺、刻度盘等的刻度误差和装配时的偏斜或偏心引起的误差；仪器传动装置中杠杆、齿轮副、螺旋副的制造误差以及装配误差；光学系统的制造、调整误差；传动件间的间隙、导轨的平面度、直线度误差等都会影响仪器的示值误差和稳定性。引起仪器制造、装配误差的因素很多，情况比较复杂，也难以消除掉。最好的方法是对仪器进行检定，掌握它的示值误差，并列出修正表，以消除其系统误差。另外，用多次重复测量取平均值的方法减小其随机误差。

3）方法误差：方法误差是指测量时由于采用不完善的测量方法而引起的误差。采用的测量方法不同，产生的测量误差也不一样。直接测量与间接测量相比较，前者的误差只取决于被测参数本身测量时的计量器具与测量环境和条件所引起的误差；而后者除取决于与被测参数有关的各个间接测量参数的计量器具与测量环境和条件所引起的误差外，还取决于它们之间的函数关系所带来的计算误差。

4）环境误差：环境误差是指由于环境因素的影响而产生的误差。环境条件包括温度、湿度、气压以及灰尘等。在这些因素中，温度引起的误差是主要误差来源。测量时，由于室

温偏离基准温度（20℃），且基准件和被测件的温度不同，线膨胀系数也不同时，测量误差可按下式计算

$$\delta = L[a_1^l(t_1 - 20℃) - a_2^l(t_2 - 20℃)]$$

式中 L——被测长度；

a_1^l，a_2^l——分别为基准件和被测件的线膨胀系数；

t_1，t_2——分别为基准件和被测件的温度对基准温度的偏离。

为了减少温度引起的测量误差，一般高精度测量均在恒温下进行，并要求被测工件与计量器具温度一致。

5）人员误差：人员误差是只人为的原因所引起的测量误差。如测量者的估读判断能力；眼睛的分辨力；测量技术熟练程度；测量习惯等因素所引起的测量误差。

造成测量误差的因素很多。测量者应了解产生测量误差的原因，并进行分析，掌握其影响规律，设法消除或减少其对测量结果的影响，从而保证测量的精度。

2. 测量误差的分类

根据测量误差的性质和特点，可分为系统误差、随机误差和粗大误差。

（1）系统误差　可分为已定系统误差和未定系统误差。已定系统误差是指在同一条件下，多次测量同一量值时，误差的绝对值和符号恒定不变，或在条件改变时，按某一规律变化的误差。例如，用比较仪测量零件时，调整仪器所用的量块的误差，对每次测量结果的影响是相同的。未定系统误差是指在同一测量条件下，多次测量同一量值时，误差对每一个测得值的影响是按一定规律变化的，但大小和符号均保持不变。例如，指示表的表盘安装偏心所引起的示值误差是按正选规律周期变化的。

已定系统误差，由于规律是确定的，我们可以设法消除在测量结果中加以修正。但未定系统误差，由于其变化规律未掌握，往往无法消除，因而常按随机误差处理。

（2）随机误差　是指在相同条件下，多次测量同一量值时，绝对值和符号以不可预定的方式变化着的误差。随机误差是由许许多多微小的随机因素造成的，在单次测量中，其误差的大小和正负号的出现具有确定的概率，因此常用概率论和统计原理对它进行处理，设计减少其对测量结果的影响。

（3）粗大误差　是指由于测量不正确等原因引起的明显超出规定条件预计差限的那种误差。例如，工作上的疏忽、经验不足、过度疲劳以及外界条件变化等引起的误差。由于粗大误差明显歪曲了测量结果，应剔除带有粗大误差的测得值。

系统误差和随机误差不是绝对的，它们在一定条件下可以相互转化。例如，量块的制造误差，对量块制造厂来说是随机误差，但如果以某一量块作为基准去成批地测量零件，则为被测零件的系统误差。

3. 测量精度

精度是误差的相对概念，而误差即是不正确、不精确的意思，指测量结果偏离真值的程度。由于误差包含着系统误差和随机误差两个部分，因此笼统的精度概念不能反映上述误差的差异，从而引出以下概念。

（1）精密度　表示测量结果中的随机误差大小程度。它是指在一定的条件下进行多次测量时，所得测量结果彼此之间的符合程度。精密度可称为“精度”，通常用随机不确定度

来表示。

（2）正确度　表示测量结果中其系统误差大小的程度。理论上可用修正值来消除。

（3）精确度（或称准确度）　表示测量结果中系统误差与随机误差的综合反映。说明测量结果与真值的一致程度。

课题小结

本课题主要介绍了测量的基础概念及测量四要素、测量方法与计量器具的分类、测量数据的处理。其中应重点掌握测量四要素即被测对象、计量单位、测量方法和测量精度和量块的精度等级等。通过课题学习，可以了解测量的基本概念、量块的特点，掌握一些常用的测量方法及计量仪器的分类，以及测量数据的处理方法。

课题 1

游 标 卡 尺

学习目标

- 了解游标卡尺的用途及使用场合。
- 了解游标卡尺的结构形状。
- 掌握游标卡尺的刻线原理。
- 掌握游标卡尺的读数方法。
- 会用游标卡尺测量外径、内径、宽槽和槽深等。

相关工件、图样、量具和辅助物

1. 练习图样。
2. 量具：三用游标卡尺（0 ~ 150mm）、双面游标卡尺（0 ~ 200mm 或 0 ~ 300mm）。
3. 被测量工件。

练习图样

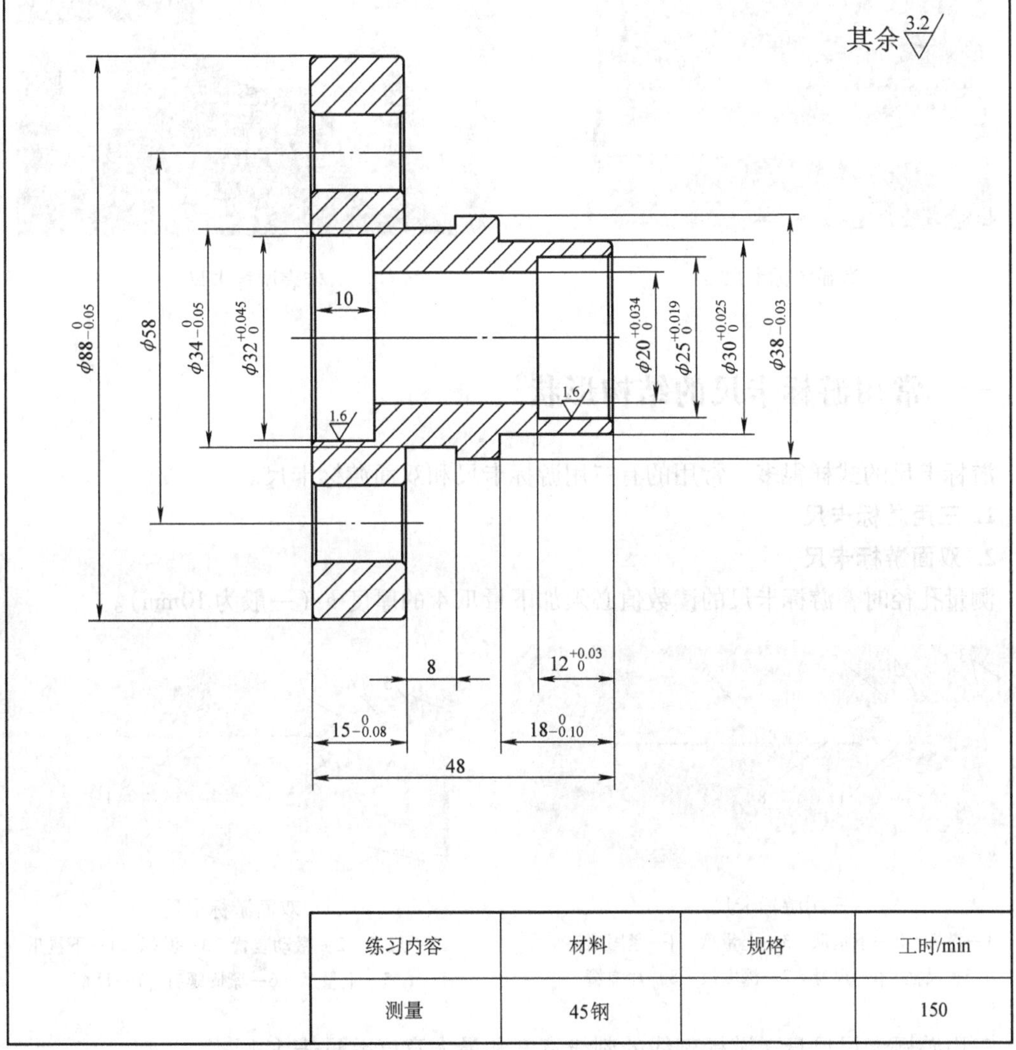

练习内容	材料	规格	工时/min
测量	45钢		150

游标卡尺是一种中等精度的量具，它用以对长度尺寸进行测量。如外径、内径、宽度、长度和深度。

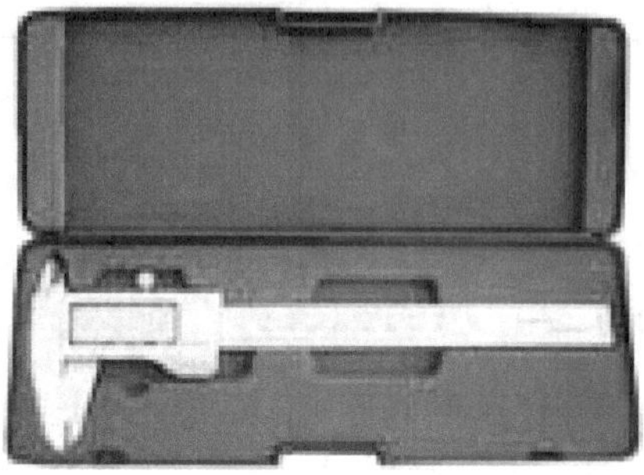

数显游标卡尺

带表游标卡尺

一、常用游标卡尺的结构形状

游标卡尺的式样很多，常用的有三用游标卡尺和双面游标卡尺。

1. 三用游标卡尺

2. 双面游标卡尺

测量孔径时，游标卡尺的读数值必须加下量爪4的厚度 b（一般为10mm）。

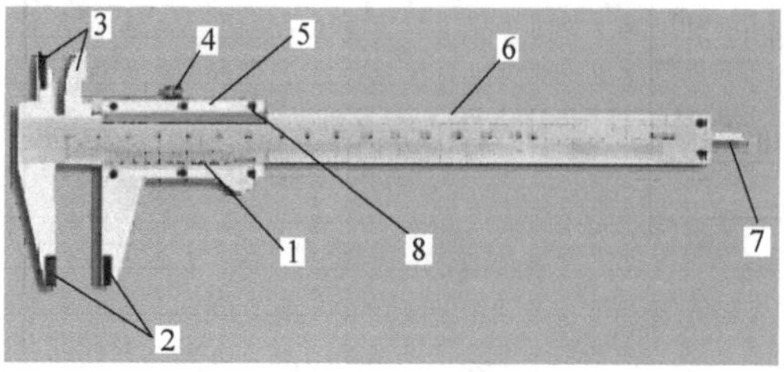

三用游标卡尺

1—游标 2—下量爪 3—上量爪 4—紧固螺钉 5—尺框 6—尺身 7—深度尺 8—片弹簧

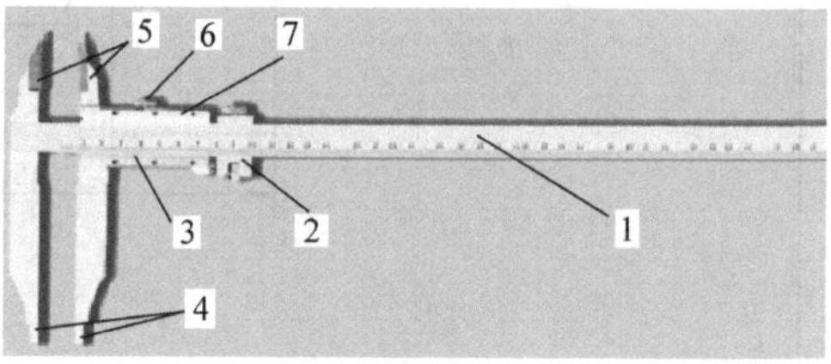

双面游标卡尺

1—尺身 2—微动装置 3—游标 4—下量爪 5—上量爪 6—紧固螺钉 7—尺框

三用游标卡尺尺身、游标刻线的刻线宽度和最大宽度差见表1-1。

表1-1 刻线宽度及宽度差

游标读数值/mm	刻线宽度/mm	刻线最大宽度差/mm
0.02		0.02
0.05	0.08～0.18	0.03
0.10		0.05

三用游标卡尺两测量面（工作面）处于同一平面时，游标上的“0”刻线和“尾”刻线与尺身相应刻线应相互重合，其重合度极限偏差见表1-2。

表 1-2 游标卡尺的重合度极限偏差

游标读数值/mm	重合度极限偏差/mm			
	"0"刻线		"尾"刻线	
	游标可调整	游标不可调整	游标可调整	游标不可调整
0.02	±0.005	±0.010	±0.010	±0.015
0.05	±0.005	±0.010	±0.020	±0.025
0.10	±0.010	±0.015	±0.030	±0.035

两测量面间的平行度公差见表 1-3。无论游标卡尺尺框紧固与否，游标卡尺两测量面应相互平行，其平行度误差不得超过表 1-3 中的规定要求。

表 1-3 游标卡尺两测量面的平行度公差

游标读数值/mm	平行度公差/mm
	计 算 公 式
0.02	$12+0.03L$
0.05	$30+0.03L$
0.10	$50+0.03L$

注：1. L 为测量长度，单位为 mm。

2. 计算结果一律四舍五入至 10μm。

无论尺身尺框紧固与否，游标卡尺的示值误差见表 1-4。

表 1-4 游标卡尺的示值误差

测量范围/mm	读数值		
	0.02	0.05	0.10
	示值误差/mm		
0~150	±0.02	±0.05	±0.10
>150~200	±0.03		
>200~300	±0.04	±0.08	
>300~500	±0.05		
>500~1000	±0.07	±0.10	±0.15

游标卡尺主要测量面的表面粗糙度上限值为 R_a0.4μm。

二、游标卡尺的刻线原理

普通游标卡尺的游标读数值为 0.1mm、0.05mm、0.02mm。

1. 刻线原理（以 0.10mm 游标卡尺为例）

尺身上每 1 格是 1mm，游标每 10 格刚好等于尺身上 9mm。

游标上每一格 = 9mm ÷ 10 格 = 0.90mm/格尺身与游标每 1 格差 = 1mm/格 − 0.90mm/格 = 0.10mm（读数值）

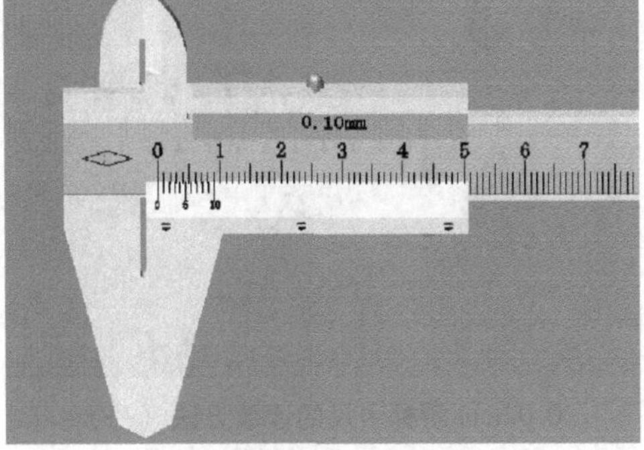

0.10mm 游标卡尺的刻线原理

2. 刻线原理（以 0.05mm 游标卡尺为例）

尺身上每 1 格是 1mm，游标每 20 格刚好等于尺身上 19mm。

游标上每一格 = 19mm ÷ 20 格 = 0.95mm/格

尺身与游标每1格差 = 1mm/格 - 0.95mm/格 = 0.05mm（读数值）

3. 刻线原理（以0.02mm游标卡尺为例）

尺身上每1格是1mm，游标每50格刚好等于尺身上49mm。

游标上每一格 = 49mm ÷ 50格 = 0.98mm/格

尺身与游标每1格差 = 1mm/格 - 0.98mm/格 = 0.02mm/格（读数值）

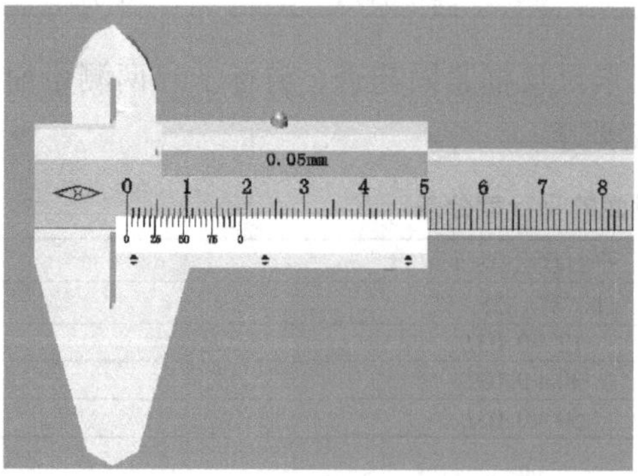

0.05mm游标卡尺的刻线原理

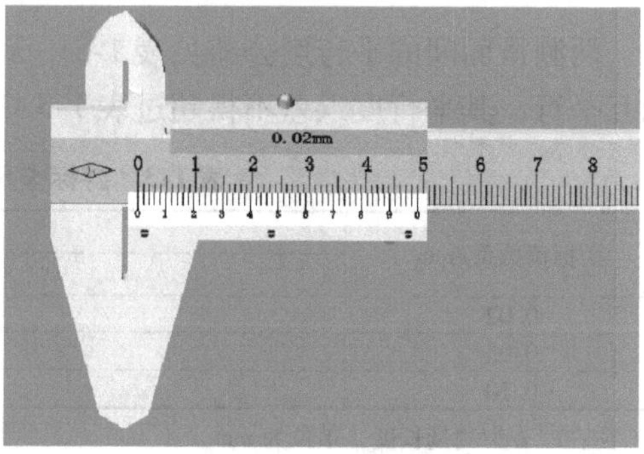

0.02mm游标卡尺的刻线原理

三、游标卡尺的读数方法（以0.02mm游标卡尺为例）

第一步：根据游标零线以左的尺身上的最近刻度读出整数：

19mm

第二步：根据游标零线以右与尺身某一刻线对准的刻度数乘以读数值读出小数：

36格 × 0.02mm/格 = 0.72mm

第三步：将上面的整数和小数两部分相加，即为总尺寸。

19mm + 0.72mm = 19.72mm

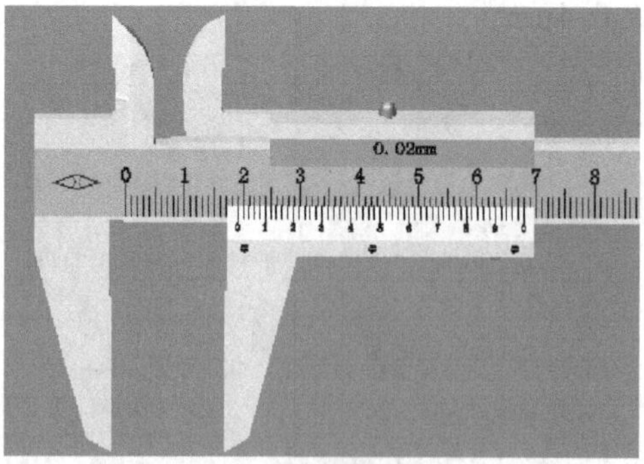

0.02mm游标卡尺的读数方法（一）

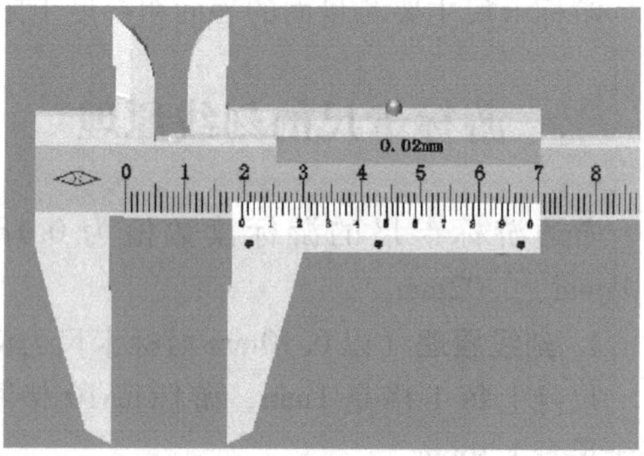

0.02mm游标卡尺的读数方法（二）

四、游标卡尺的使用方法

1. 测量工件外形

（1）单手测量法　测量较小工件的外径。

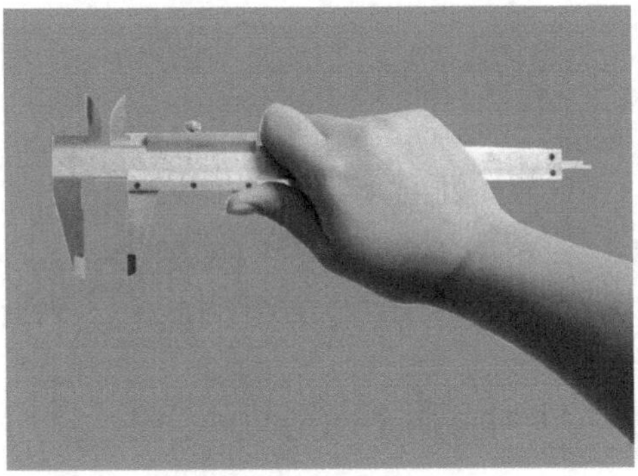

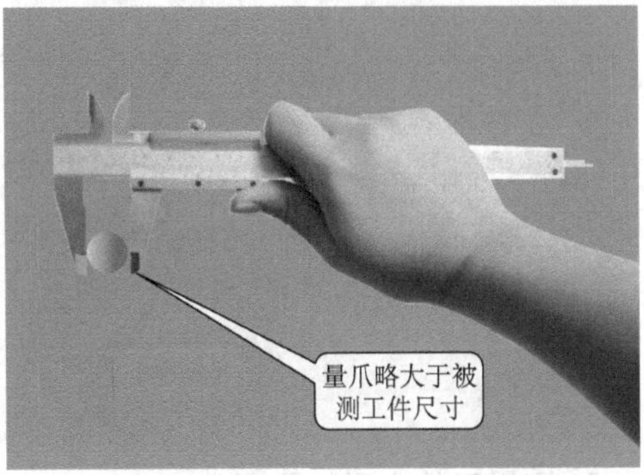

单手测量较小工件外径法

1）右手握卡尺，使外测量量爪张开尺寸略大于被测工件尺寸。

2）然后用右手拇指缓慢移动游标，使两量爪测量面轻轻地与被测工件表面平行接触（测量圆柱工件注意量爪应过工件中心）。

3）游标卡尺上下轻微摆动，边摆动拇指边施加测量力，然后锁紧（以卡尺轻轻划出工件表面为准）目光正视读出尺寸数值。

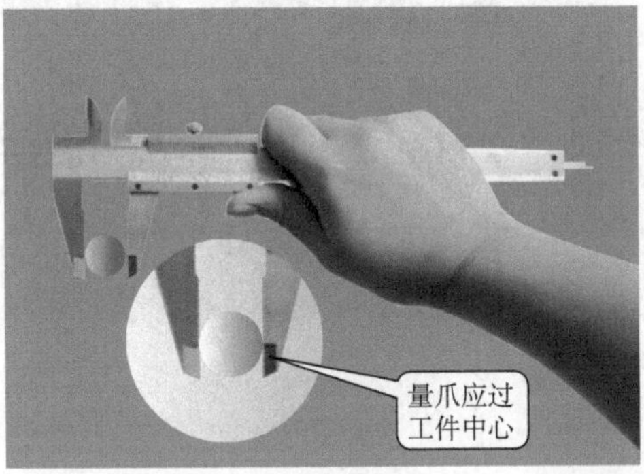

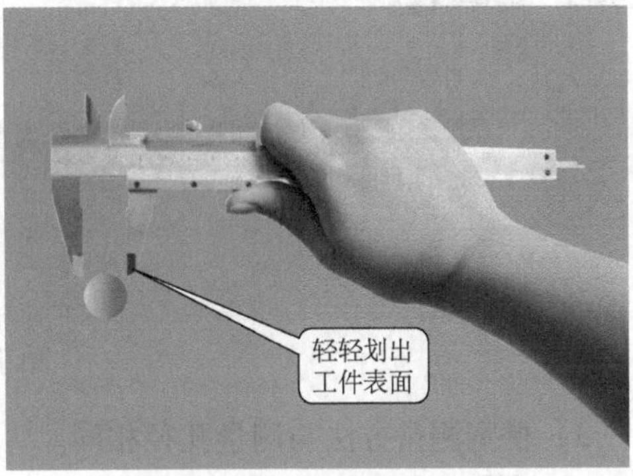

（2）双手测量法　测量较大工件的外形。

1）把工件放在工作台台面上，左手握住尺身左端，右手握住尺身并移动游标使测量爪靠近工件表面。

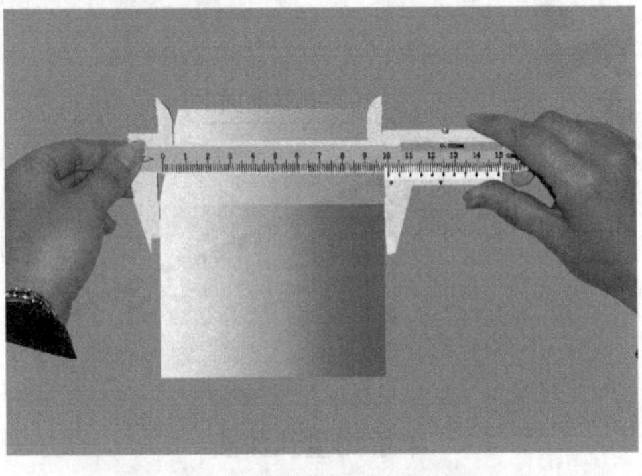

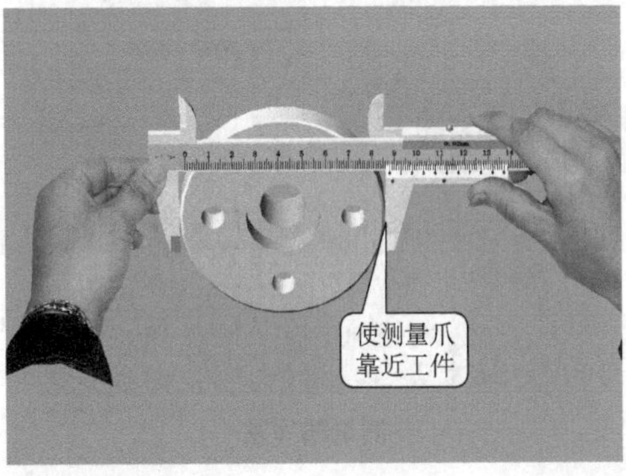

双手测量较大外径法

2）然后右手拇指推动游标，使两量爪测量面与被测量工件表面平行接触。

3）并作少量滑移，以轻微接触为止，目光正视，读出尺寸数值。

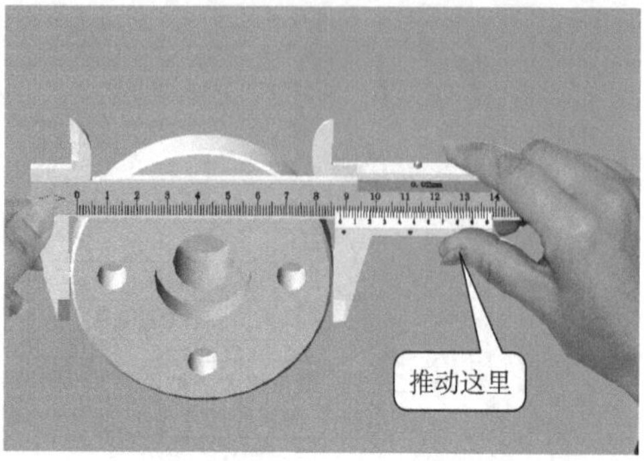

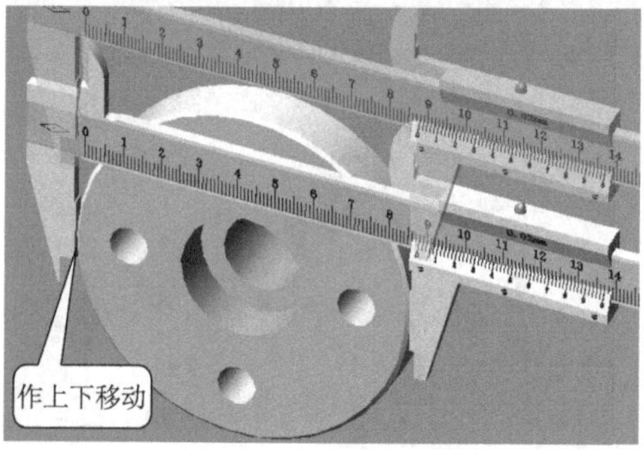

2. 测量工件内形（孔径）

（1）单手测量法

1）右手握卡尺以一量爪紧贴被测面，另一量爪拉至内径。

2）然后一量爪作少量轻微上下摆动，找出最小点位置后，目光正视读出尺寸数值。

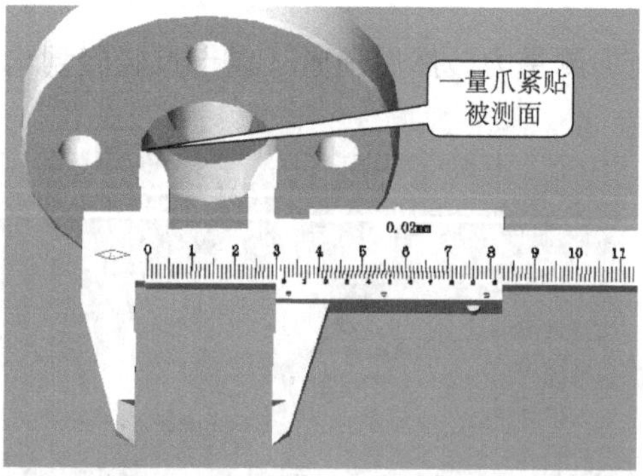

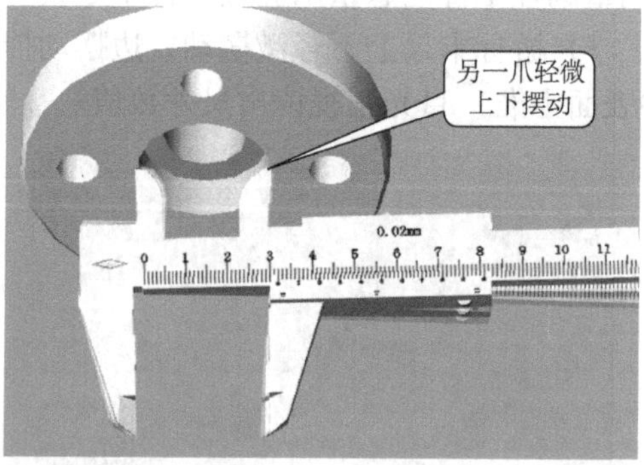

单手测量内径法

3）槽宽测量方法与测量孔径相同。

3. 测量工件深度（孔深）

1）右手握卡尺，尺身端部平面靠在基准面上。

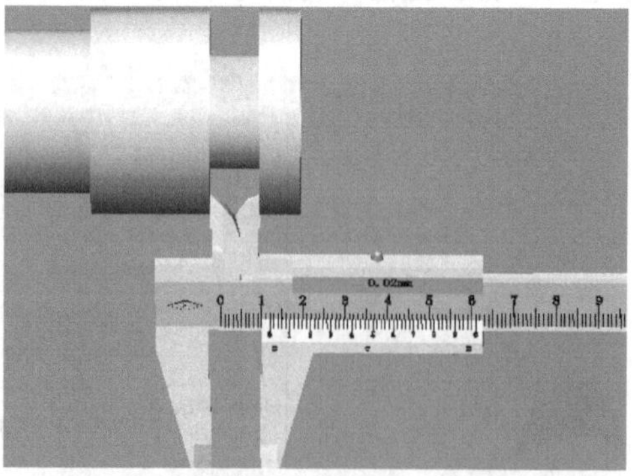

测量槽宽法

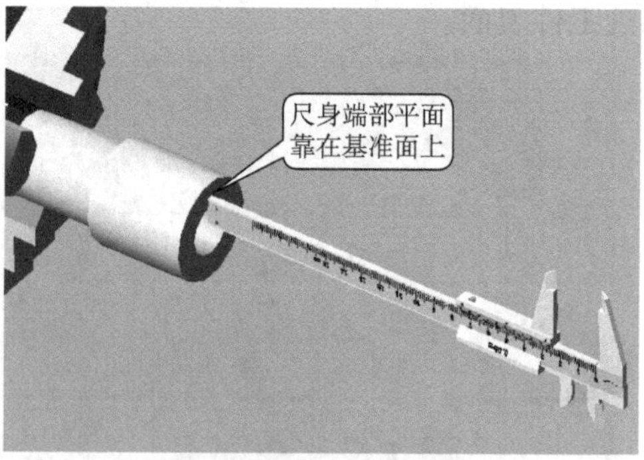

单手测量孔深法

2）用右手拇指缓慢拉动游标，带动深度尺与工件底面相接触。

3）右手旋紧紧固螺钉后，目光正视读出尺寸数值。

槽深测量方法与孔深相同。

4. 测量工件中心距

方法与测量孔径相同。

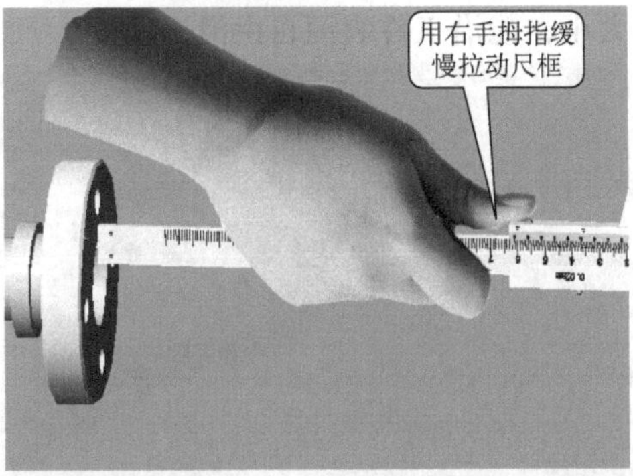

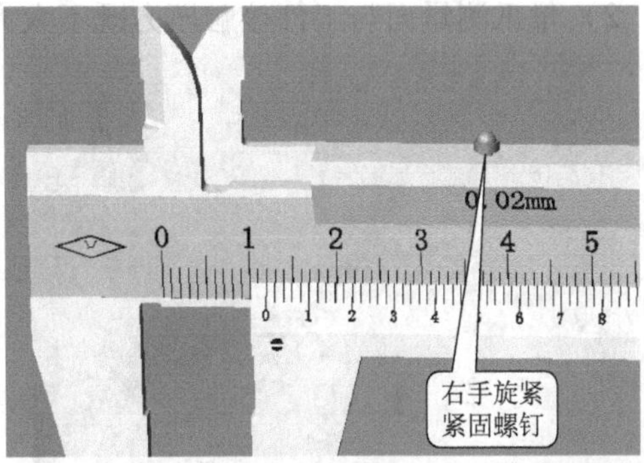

测量槽深法

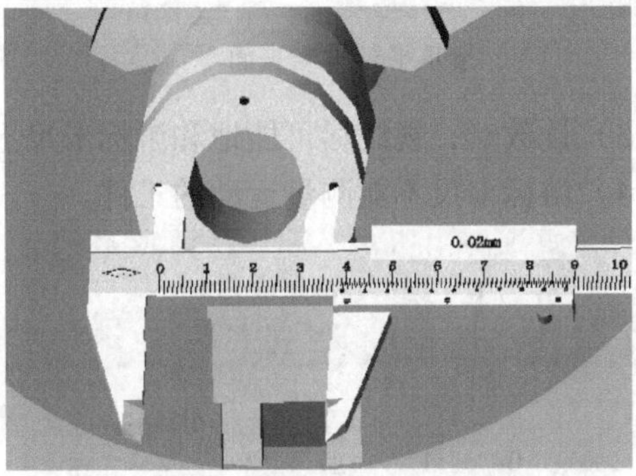

测量工件中心距

五、使用游标卡尺时的注意事项

1. 测量前

1）应先把量爪表面的灰尘和油污等擦干净，检查游标和微动装置移动是否灵活。

2）检查游标卡尺零位是否正确。

量爪紧密贴合，观察应无明显的光隙，同时观察游标零刻线与尺寸零刻线是否对准，游标的尾刻线与尺身的相应刻线是否对准。

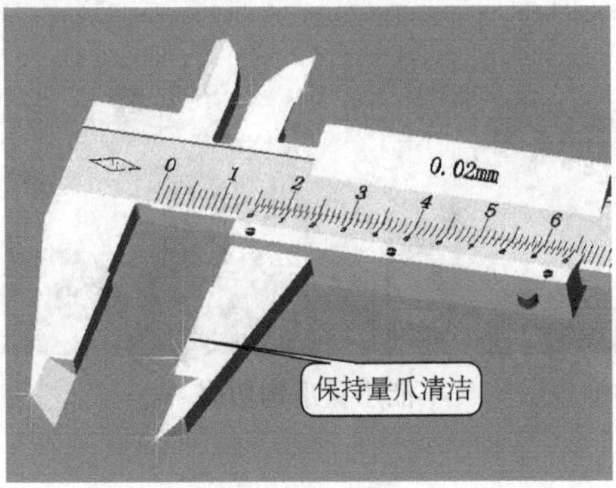

擦净量爪检查装置灵活

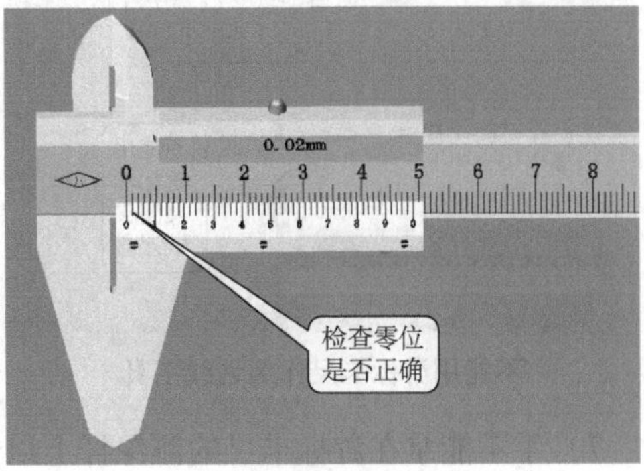

检查零位正确

2. 测量中

1）量爪位置应平行于被测表面。

2）量爪测量面与工件接触压力既不太大也不太小，能沿工件表面自由滑出。

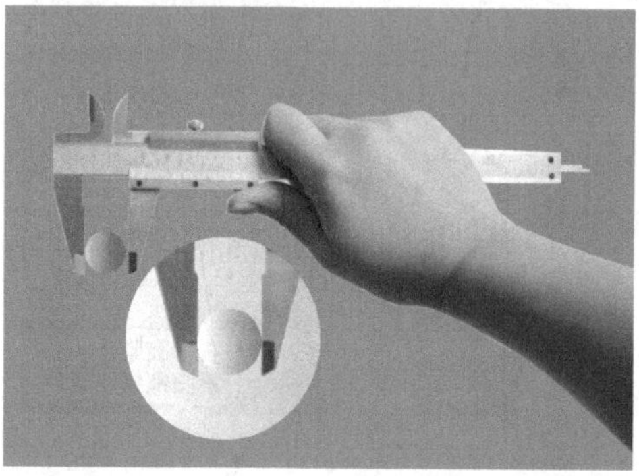

量爪平行被测表面

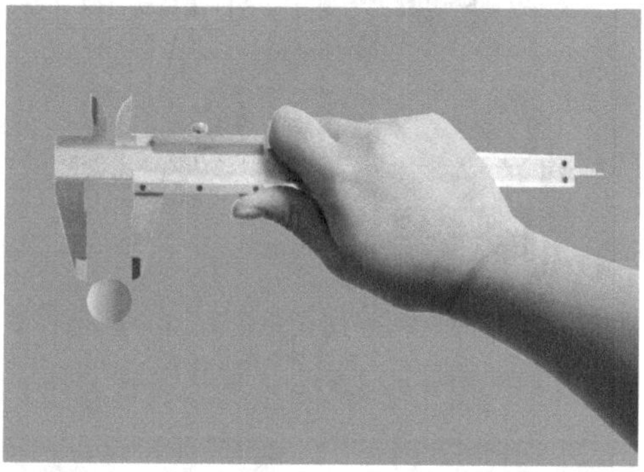

量爪自由滑出

3）读数时，视线尽可能地和游标卡尺上刻线面垂直。

4）游标卡尺不能测量运动的工件。

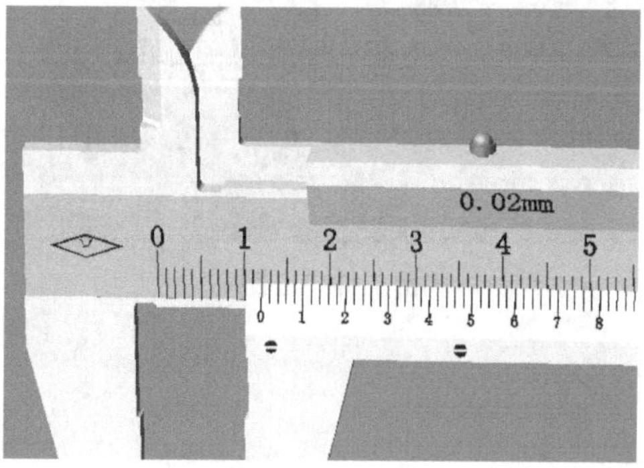

读数视线垂直刻线

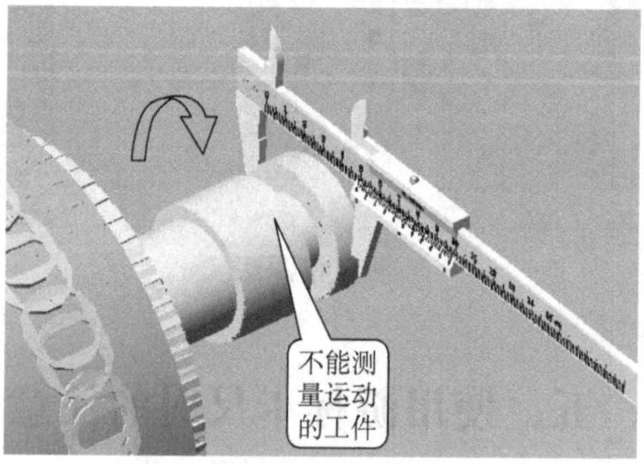

不能测量运动的工件

5）不能用游标卡尺作为划线工具。

6）不能用游标卡尺（量爪）钩切屑。

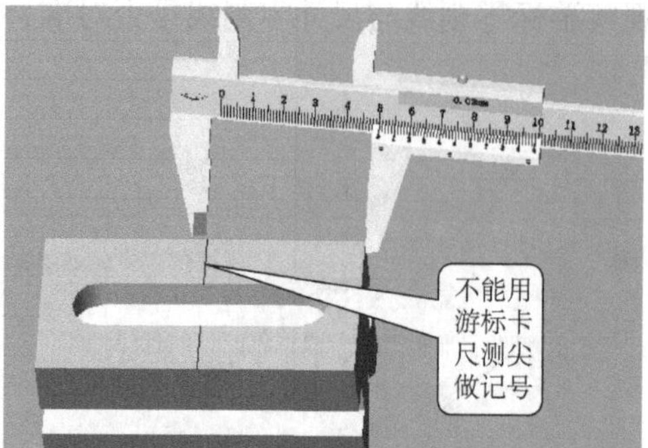

不能用游标卡尺作为划线工具

不能用量爪钩切屑

7）手不能拿在游标卡尺的测深杆上以免折断。

8）游标卡尺上不能与工件、刀具等放置一起。

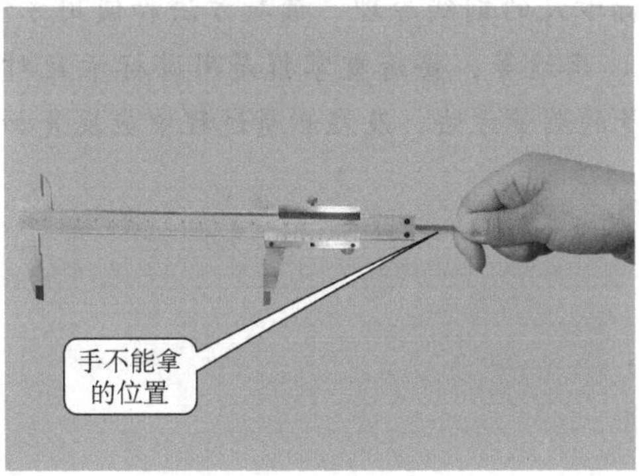

禁止手拿测深杆

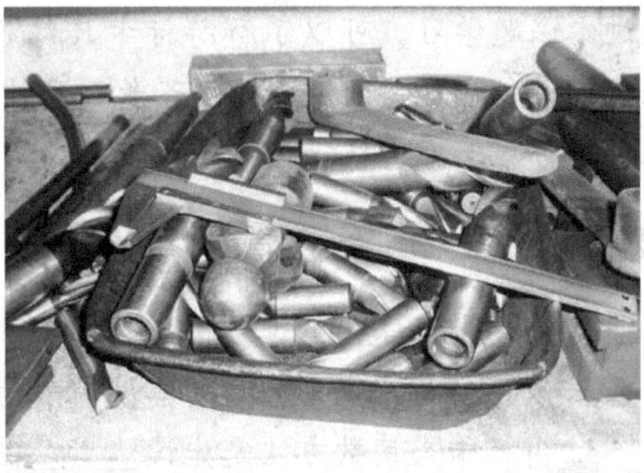
禁止游标卡尺与工件放在一起

9）游标卡尺不能放置在机床主轴箱或机床导轨上。

10）游标卡尺不能放置在强磁场附近，如磨床的磁性工作台。

禁止游标卡尺放置在机床主轴箱上

禁止游标卡尺放在磁性工作台上

3. 测量后

1）应将游标卡尺擦净放置在专用盒内。

2）长时间不使用时，应涂油保存以防止生锈。

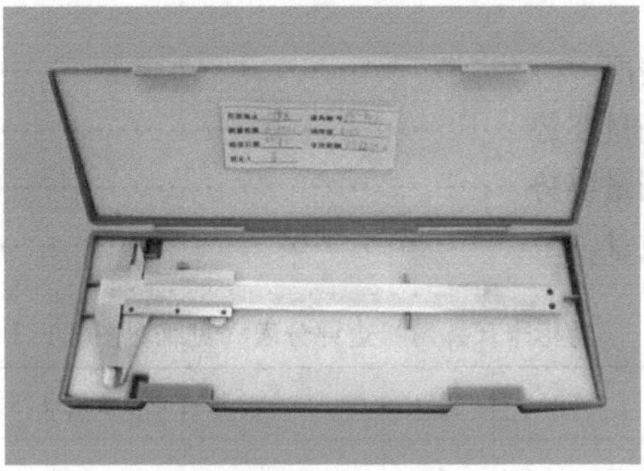
擦净放置专用盒内

课题小结

本课题主要介绍了长度计量器具中的游标卡尺。它的结构形状、刻线原理、读数方法、使用方法及测量前后的注意事项。其中应掌握游标卡尺的刻线原理、读数方法和使用方法。通过本课题学习，可以了解游标卡尺结构、类型、用途等；要着重掌握是用游标卡尺对外径、内径、宽度、长度和深度等长度尺寸进行测量的测量方法，及在测量过程中应反复加强测量手势、手感上技能与技巧的训练。

思考与检查

1. 常用游标卡尺的读数值有______、______、______。
2. 双面游标卡尺下量爪的厚度一般为______。
3. 游标卡尺读数方法是先读______再读______。
4. 游标卡尺使用前应擦净______、______、______方可使用。
5. 游标卡尺使用时视线尽可能地和尺上所读的刻线面______。
6. 游标卡尺使用中不可放置______、______、______以免影响游标卡尺的精度。
7. 游标卡尺不能在机床______时进行测量。
8. 游标卡尺使用中不能用量爪______或钩______。
9. 游标卡尺使用中出现受压、跌落等情况必须立即送______部门进行检修。
10. 游标卡尺使用后应及时______，放置______。

技能练习

完成下列操作：

1. 掌握游标卡尺的刻线原理，读数误差为 ±0.02mm。
2. 会用游标卡尺测量工件外径、内径、深度、宽度和沟槽，测量方法正确，测量误差为 ±0.02mm。

技能检查

完成情况

是　否

1. 测量，文明测量情况 ………………………………… □　□
2. 游标卡尺的单手测量姿势 …………………………… □　□
3. 游标卡尺的双手测量姿势 …………………………… □　□
4. 测量练习完成的质量 ………………………………… □　□

游标卡尺练习检查评分表（见练习图样）　　（单位：mm）

项次	考核要求		配分	检查与考核记录(3次)			扣分	得分
1	$\phi 88_{-0.05}^{0}$	外圆直径	6					
2	$\phi 38_{-0.03}^{0}$		6					
3	$\phi 30_{0}^{+0.025}$		6					

（续）

项次	考核要求		配分	检查与考核记录(3 次)			扣分	得分
4	$\phi25^{+0.019}_{0}$	孔径	8					
5	$\phi20^{+0.034}_{0}$		8					
6	$\phi32^{+0.045}_{0}$		8					
7	$\phi34^{0}_{-0.05}$	槽底外圆	8					
8	$12^{+0.03}_{0}$	深度	8					
9	10		8					
10	$18^{0}_{-0.10}$		8					
11	$\phi58$	中心距	10					
12	$15^{0}_{-0.08}$	厚度	3					
13	8	槽宽	5					
14	48	总长	3					
15	安全文明测量情况		5					

课题 2

外径千分尺

学习目标

- 了解外径千分尺的用途及使用场合。
- 了解外径千分尺的结构形状。
- 掌握外径千分尺的刻线原理。
- 掌握外径千分尺的读数方法。
- 会用外径千分尺测量外径、宽度等。

相关工件、图样、量具和辅助物

1. 练习图样。
2. 量具：外径千分尺 0 ~25mm、25 ~50mm、50 ~75mm。
3. 被测量工件。

测量零件

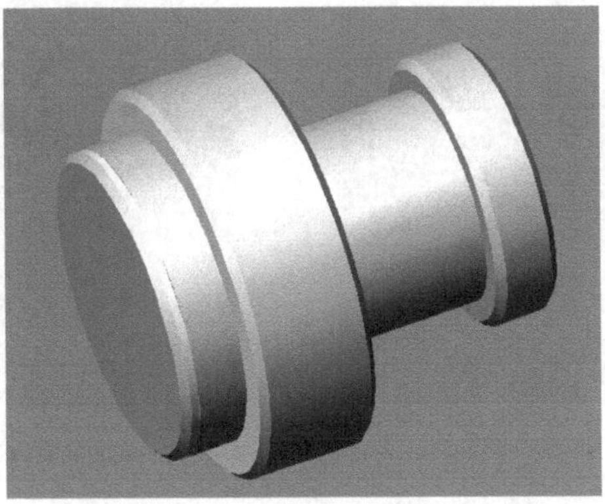

练习图样

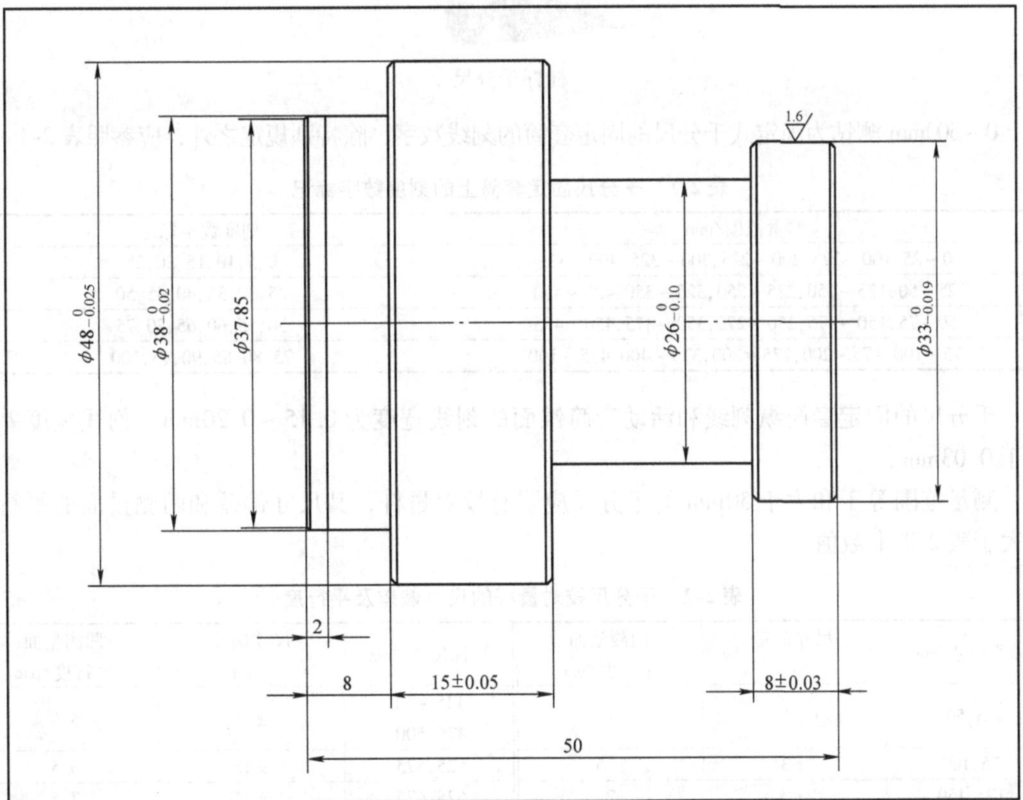

练习内容	材料	规格	工时/min
测量	45钢		120

外径千分尺是一种精密的量具，分度值一般为0.01mm。

按测量范围常用的规格有：0~25mm、25~50mm、50~75mm、75~100mm等。

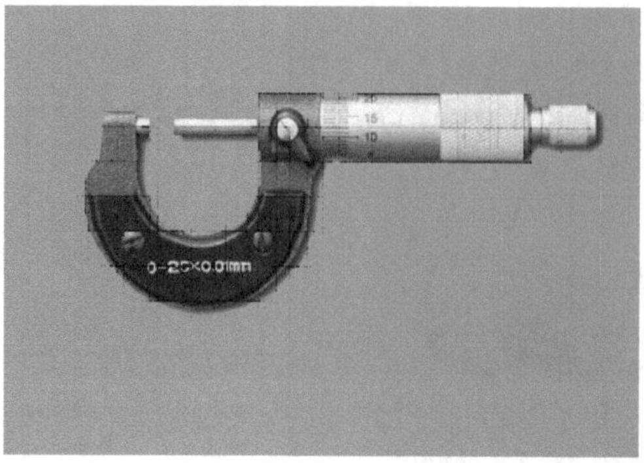
外径千分尺

公法线千分尺

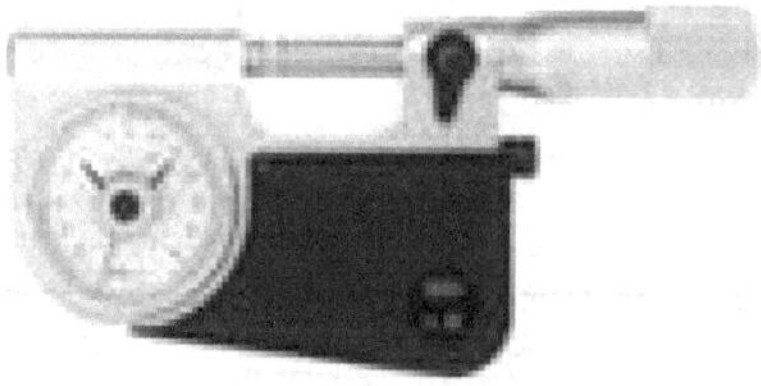
杠杆千分尺

0~500mm测钻为固定式千分尺的固定套筒的刻线数字，除特别规定之外，应参照表2-1。

表2-1 千分尺固定套筒上的刻度数字标记

测量范围/mm	刻度数字标记
0~25,100~125,200~225,300~325,400~425	0,5,10,15,20,25
25~50,125~150,225~250,325~350,425~450	25,30,35,40,45,50
50~75,150~175,250~275,350~375,450~475	50,55,60,65,70,75
75~100,175~200,275~300,375~400,475~500	75,80,85,90,95,100

千分尺的固定套筒纵刻线和活动套筒锥面的刻线宽度为0.15~0.20mm，刻线宽度差不大于0.03mm。

测量范围等于和大于50mm的千分尺应附有校对量杆，其尺寸偏差和两侧量面的平行度不大于表2-2中数值。

表2-2 千分尺校对量杆的尺寸偏差及平行度

标称尺寸/mm	尺寸偏差/μm	两测量面平行度/μm	标称尺寸/mm	尺寸偏差/μm	两测量面平行度/μm
25,50	±2	1	425,450 475,500	±11	5.5
75,100	±3	1.5	525,575	±13	6.5
125,150	±4	2	625,675	±15	7.5
175,200	±5	2.5	725,775	±17	8.5
225,250	±6	3	825,875	±19	9.5
275,300	±7	3.5	925,975	±21	10.5
325,350 375,400	±9	4.5			

千分尺的尺架易变形，所以要了解受力后的变形情况。千分尺的示值误差、两测量面的平行度以及尺架沿固定套筒轴线方向受 10N 力时的变形均不应大于表 2-3 中的规定。

表 2-3 千分尺的示值误差平行度及尺架受力变形

测量范围/mm	示值误差/μm	平行度/μm	尺架受 10N 力时变形/μm
0 ~ 25,25 ~ 50	4	2	2
50 ~ 75,75 ~ 100	5	3	3
100 ~ 125,125 ~ 150	6	4	4
150 ~ 175,175 ~ 200	7	5	5
200 ~ 225,225 ~ 250	8	6	6
250 ~ 275,275 ~ 300	9	7	6
300 ~ 325,350 ~ 375 325 ~ 350,375 ~ 400	11	9	8
400 ~ 425,450 ~ 475 425 ~ 450,475 ~ 500	13	11	10
500 ~ 600	15	12	12
600 ~ 700	16	14	14
700 ~ 800	18	16	16
800 ~ 900	20	18	18
900 ~ 1000	22	20	20

一、常用外径千分尺的结构形状

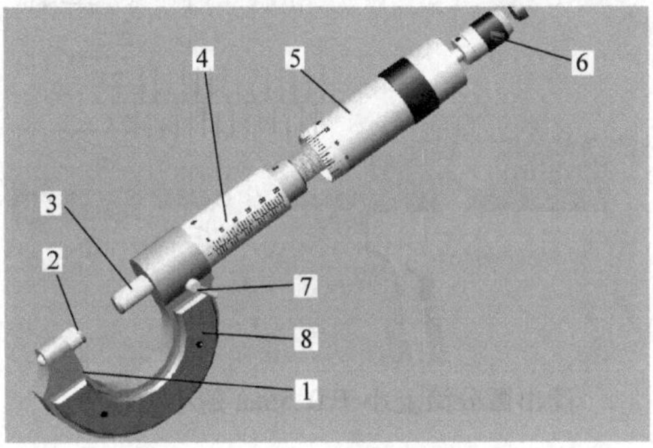

外径千分尺的结构形状

1—尺架 2—测砧 3—活动测杆 4—固定套筒 5—活动套筒 6—测力装置 7—锁紧装置 8—隔热装置

二、外径千分尺的传动原理

千分尺是利用螺旋传动原理，将角位移转变成直线位移来进行长度测量。

读数机构由固定套筒和活动套筒组成：固定套筒在轴线方向上刻有一条中线，中线的上、下各刻一排刻线，刻线每一格间距均为 1mm，上、下刻线相互错开 0.5mm；在活动套筒左端圆周上有 50 等分的刻度线。

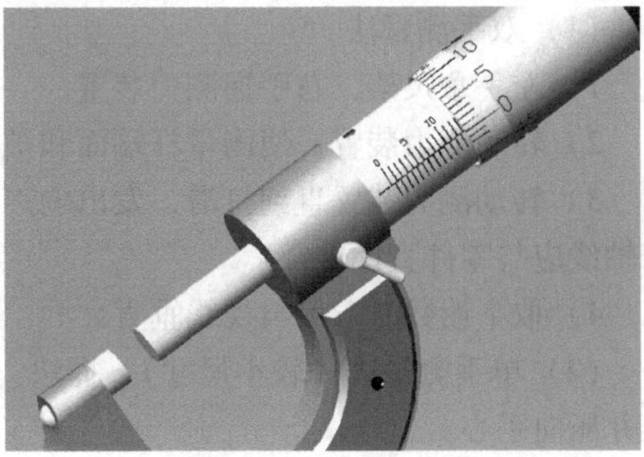

外径千分尺的传动原理

因千分尺测量螺杆的螺距为 0.5mm，即螺杆每转一周，轴向移动 0.5mm，故活动套筒上每一小格的读数值为 0.5mm ÷ 50 格 = 0.01mm/格。

外径千分尺的读数方法

第一步：读出固定套筒上露出刻线的毫米数和半毫米数：13.5mm

第二步：读出微分筒上小于0.5mm 的小数部分：27 格 ×0.01mm/格 = 0.27mm

第三步：将上面两部分读数相加，即为总尺寸。13.5mm + 0.27mm = 13.77mm

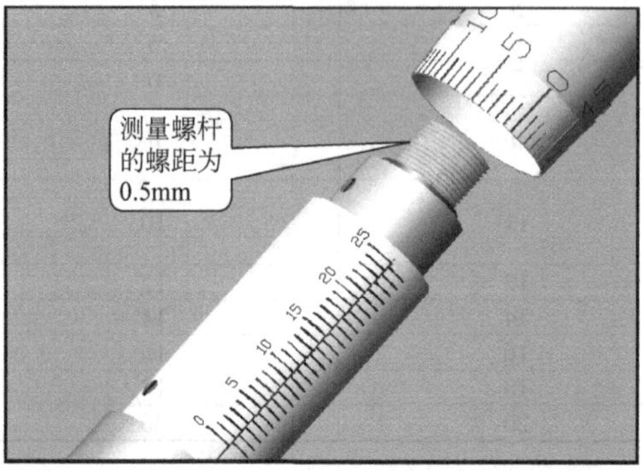

千分尺测量螺杆的螺距

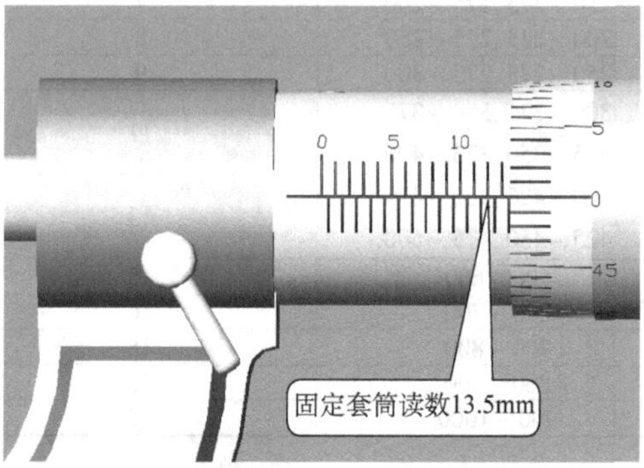

外径千分尺的读数方法

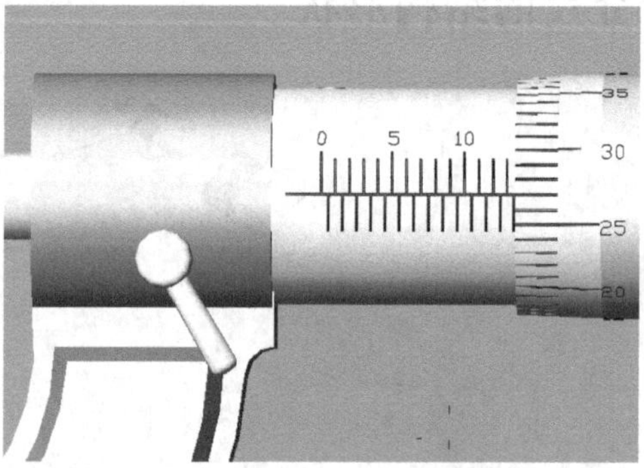

读出微分筒上小于 0.5mm 的小数部分

三、外径千分尺的使用方法

1. 测量工件外径

（1）双手测量法

1）左手拿尺架，右手握测力装置。

2）转动测力装置，使测量杆端面和被测工件表面接近。

3）转动测力装置直到打滑，发出响声为止，读出尺寸（注意：测量轴类零件时，测量杆轴线应与零件直径重合）。

4）取下读数时，尺与视线垂直。

（2）单手测量法（较小尺寸） 握法：大拇指和食指捏住微分筒，小指和无名指勾住尺架并压向手心。

1）测量时，大拇指和食指转动微分筒，转动时轻微用力使之与测量面接触。

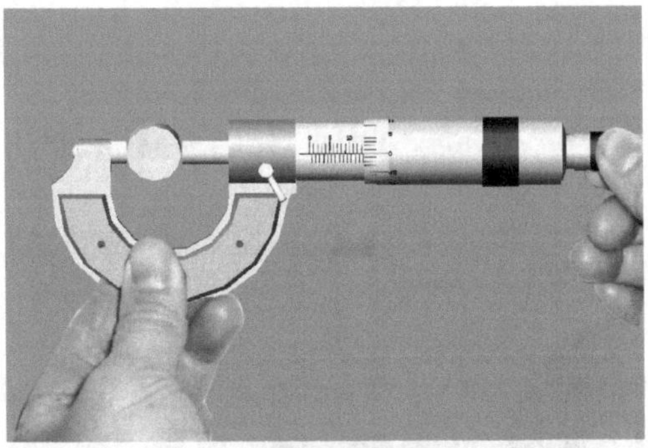

双手测量法

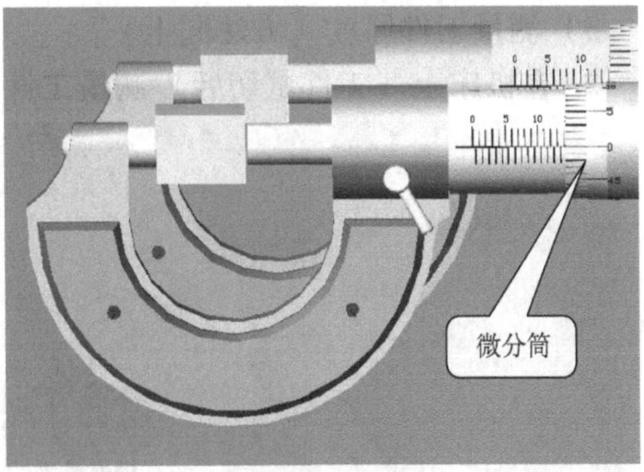

转动测力装置

测量杆轴线应与零件直径重合

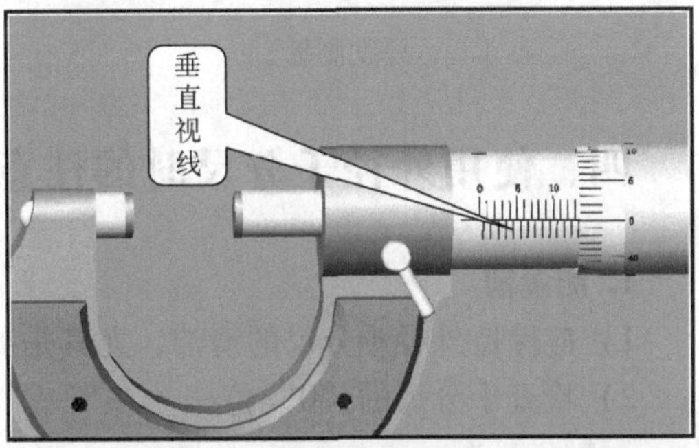

尺与视线垂直

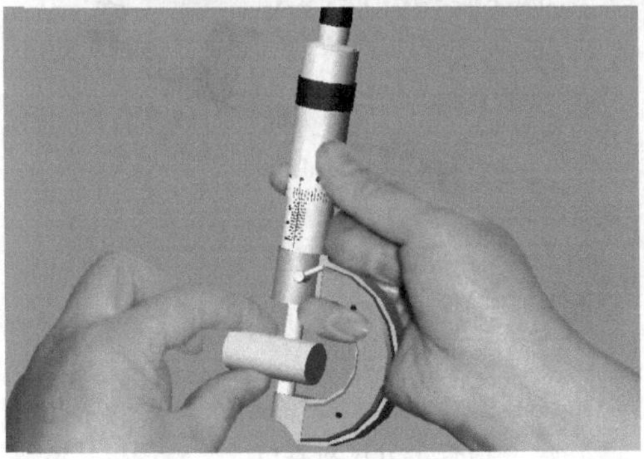

单手测量法

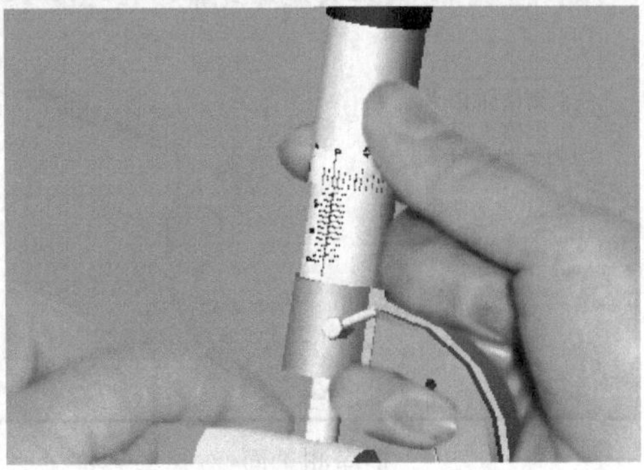

拇指和食指转动微分筒

2）取下读数时，尺与视线垂直。

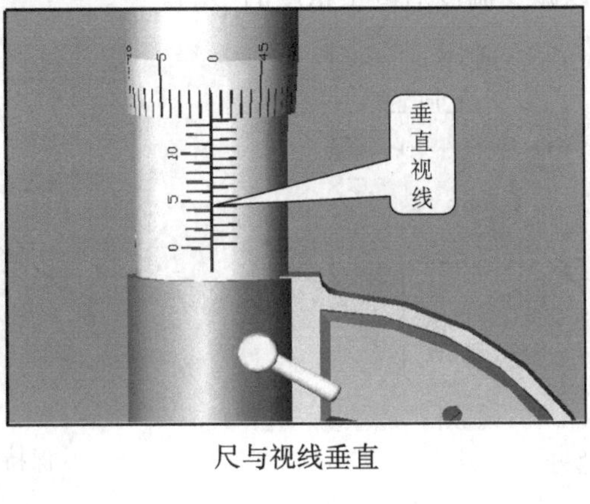

尺与视线垂直

3）测量工件厚度（方法同上）。

2. 在机床上（工件试切后）测量工件

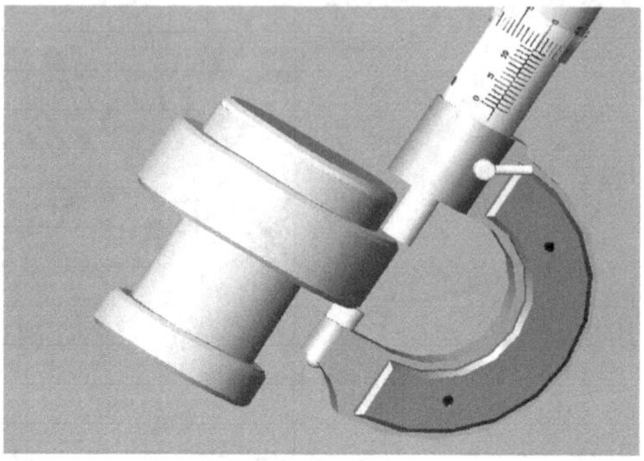

厚度测量

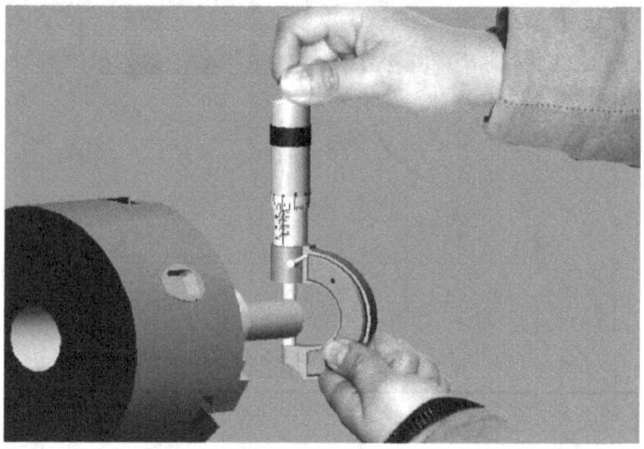

试切后测量

四、使用外径千分尺时的注意事项

1. 测量前

1）应保持外径千分尺的清洁，尤其是测量面、测砧面必须擦干净。

2）检查千分尺的“0”位。

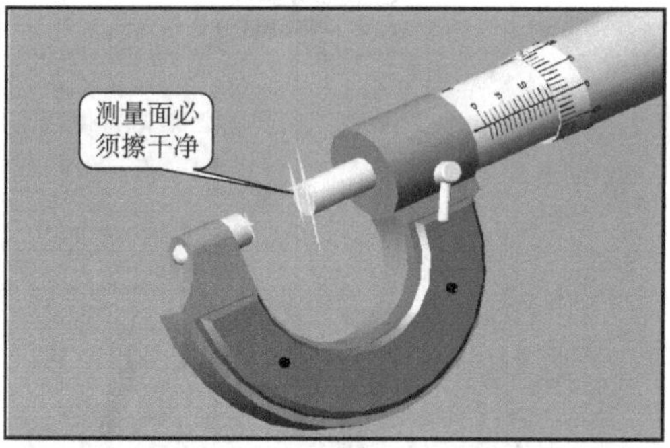

擦净测量面

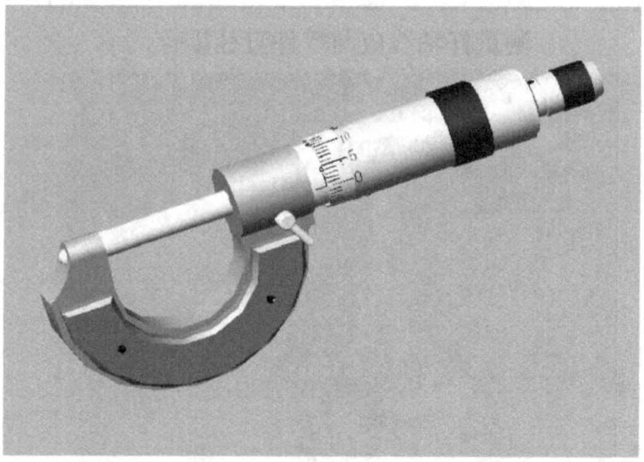

检查千分尺对零位

2. 测量中

1）要握住绝热板，以减少温度对测量精度的影响。

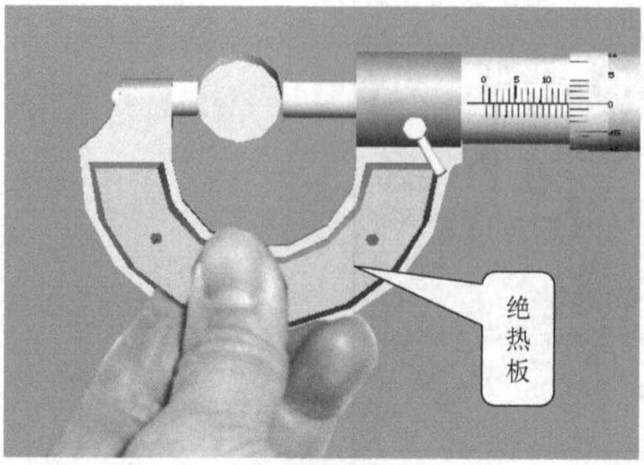

手握绝热板

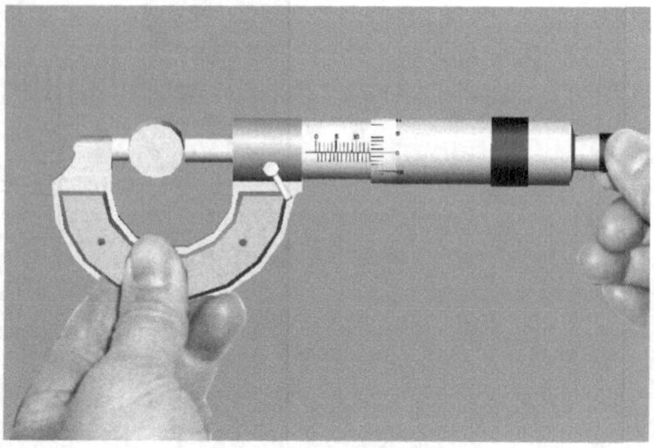

保持测力恒定

2）正确使用测力装置，保持测量力恒定。（当测量螺杆快要接近工件时，必须拧动端部棘轮，当棘轮发出“嘎嘎”声，并打滑时，表示压力合适，停止拧动。）

3）要在静态下测量，不能在工件转动或加工中测量。

4）双手测量时严禁拧动活动套筒，以防用力过度致测量不准确。

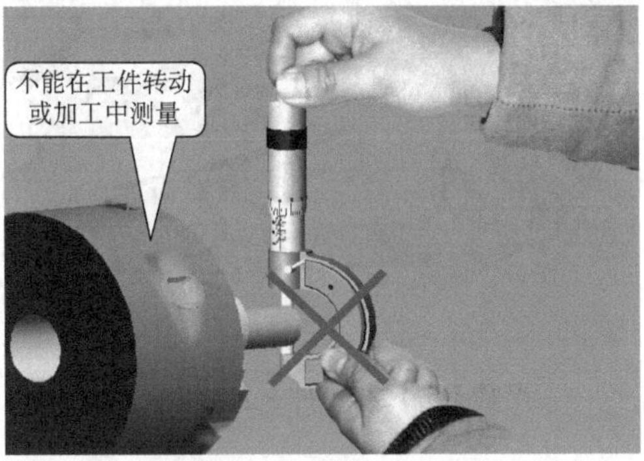

严禁测量转动或加工中的工件

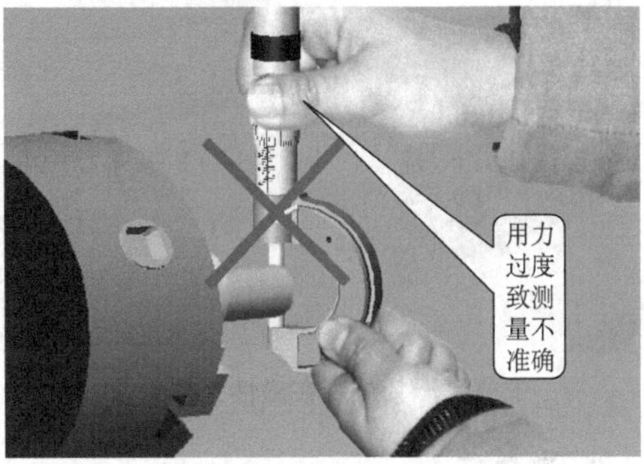

防止测量时用力过度

5）严禁随意摇转活动套筒。

6）不得预先调好尺寸，并锁紧螺杆后用力卡过工件。

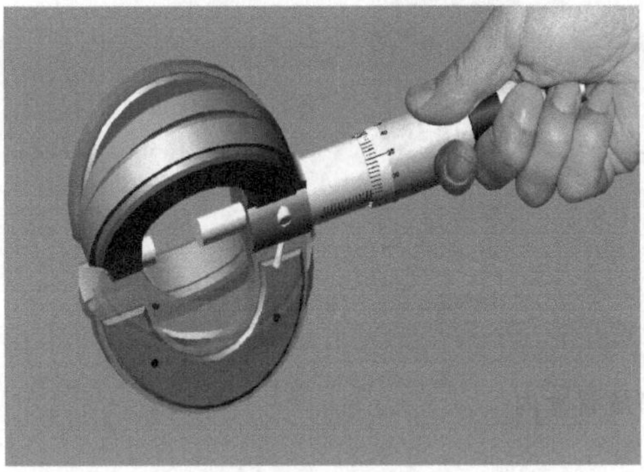
严禁摇转活动套筒

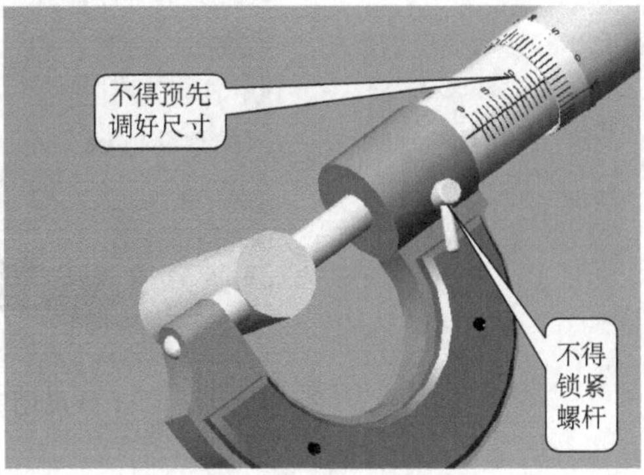

严禁锁紧螺杆后测量

7）外径千分尺不能放置在机床主轴箱上。

8）外径千分尺不能放置在机床导轨上。

千分尺严禁放置在机床主轴箱上

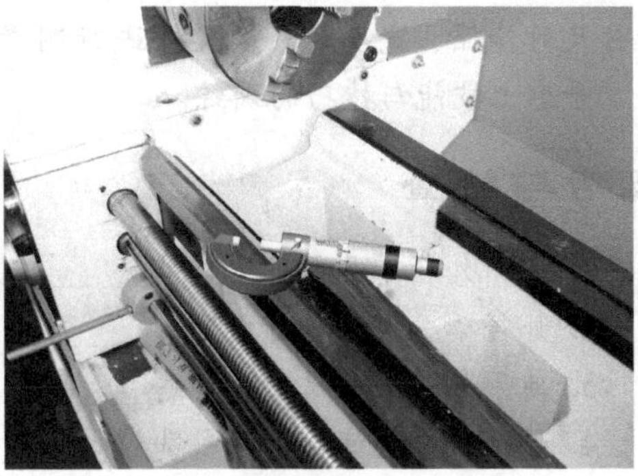
千分尺严禁放置在导轨上

9）外径千分尺不能放置强磁场附近（如磨床的磁性工作台）。

10）外径千分尺不能与其他工具、量具等混放。

千分尺严禁放置在磁性工作台上

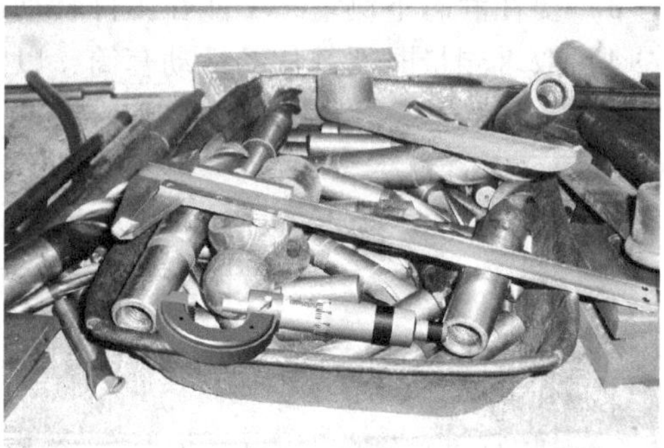

严禁千分尺与工件、刀具等混放

3. 测量后

1）千分尺擦净放置在专用盒内。

2）长时间不使用时，应涂油保存，以防止生锈。

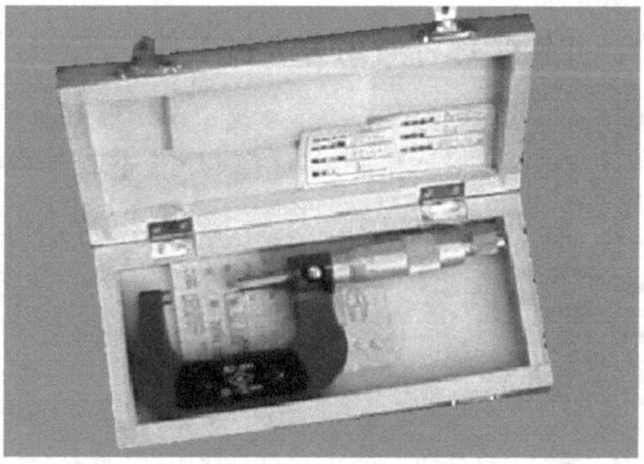

千分尺用完擦净放置盒内

课题小结

本课题主要介绍了长度计量器具中的外径千分尺。它的结构形状、传动原理、读数方法、使用方法及测量前后的注意事项。其中应掌握外径千分尺的传动原理、读数方法和使用方法。通过本课题的学习，可以了解外径千分尺结构、类型、用途等；要着重掌握是用外径千分尺对外径、宽度等长度尺寸进行测量的测量方法，及在测量过程中应反复加强测量手势、手感上技能与技巧的训练。

思考与检查

1. 常用外径千分尺的规格有______、______、______、______。
2. 外径千分尺的分度值为______。
3. 使用外径千分尺时手因拧______，听______下声音即可。
4. 外径千分尺读数方法是先读______再读______。
5. 外径千分尺使用前因先擦净______方可使用。

6. 外径千分尺使用中不可放置______、______、______以免影响外径千分尺精度。
7. 不能用外径千分尺测量______时工件。
8. 外径千分尺使用中出现受压、跌落等情况必须立即送______部门进行检修。
9. 外径千分尺使用后应及时______，放置______。

技能练习

完成下列操作：
1. 掌握外径千分尺的刻线原理，读数误差为 ±0.01mm。
2. 会用外径千分尺测量工件外径和宽度，测量方法正确，测量误差为 ±0.01mm。

技能检查

	完成情况 是	否
1. 安全测量，文明测量情况	□	□
2. 外径千分尺的单手测量姿势	□	□
3. 外径千分尺的双手测量姿势	□	□
4. 测量练习完成的质量	□	□

外径千分尺练习检查评分表（见练习图样） （单位：mm）

项次	考核项目	考核要求	配分	检查与考核记录(3 次)			扣分	得分
1	外圆直径	$\phi48_{-0.025}^{0}$	15					
2		$\phi38_{-0.02}^{0}$	10					
3		$\phi33_{-0.019}^{0}$	10					
4	外圆直径试切	$\phi37.85$	15					
5	槽底外圆	$\phi26_{-0.10}^{0}$	15					
6	厚度	8 ±0.03	10					
7		15 ±0.05	10					
8	总长	50	10					
9	安全文明测量情况		5					

课题 3

指　示　表

学习目标

- 了解指示表的用途及使用场合。
- 了解指示表的结构形状。
- 掌握指示表的工作原理。
- 学会指示表的安装。
- 会用指示表测量工件的径向圆跳动、端面圆跳动、同轴度等。

相关工件、图样、量具和辅助物

1. 练习图样。
2. 量具：指示表 0 ~ 5mm、0 ~ 10mm。
3. 工具：磁性表座、偏摆仪、20mm 心轴。
4. 被测量工件。

练习图样

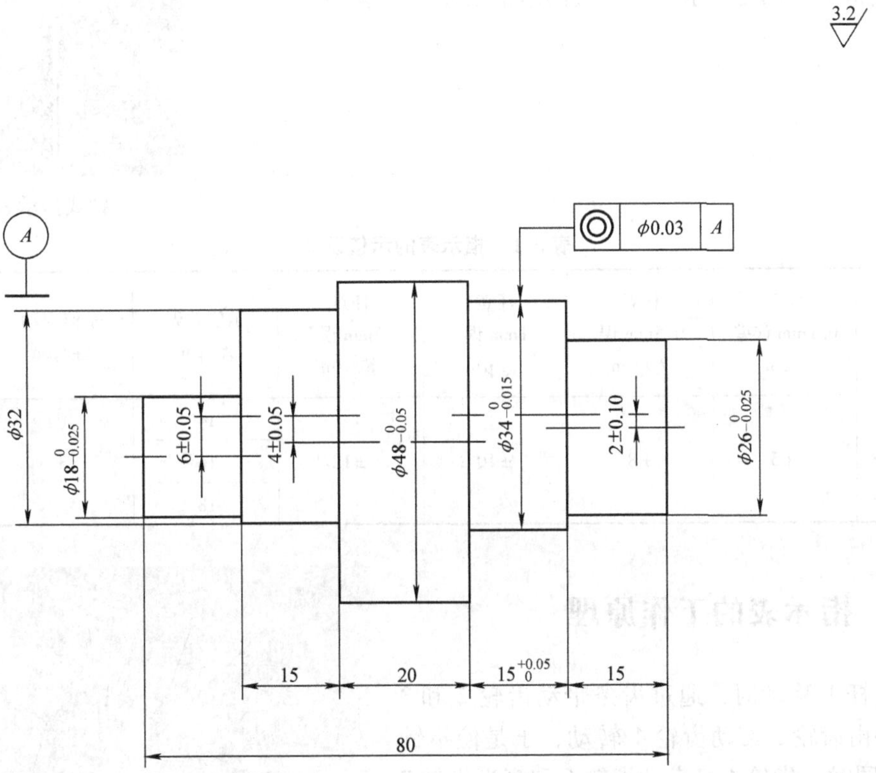

练习内容	材料	规格	工时/min
测量	45 钢		120

指示表是一种精度较高的比较量具，单独使用时它只能测量出相对数值，不能测出绝对数值，主要用于测量形状和位置误差，也可用于机床上安装工件时的精密找正，与量块配合使用可测量尺寸误差。指示表的分度值为0.01mm。

钟式指示表如图所示。指示表的示值误差，见表3-1。

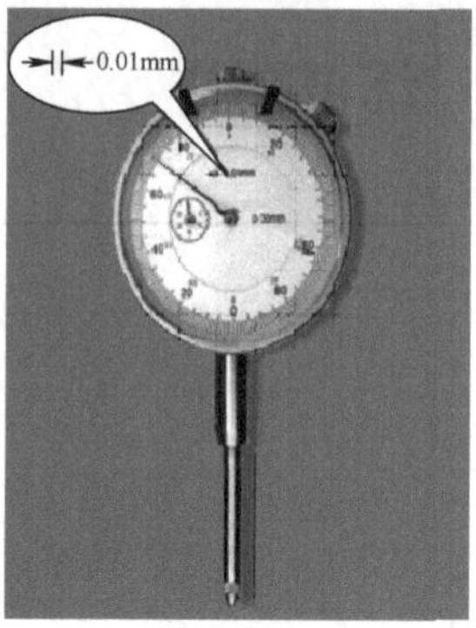

钟式指示表

表3-1　指示表的示值误差

测量范围/mm	任意0.1mm误差/μm	任意0.5mm误差/μm	任意1mm误差/μm	任意2mm误差/μm	示值总误差/μm	示值变动性/μm	回程误差/μm
0～3					14		
0～5	±5	±8	±10	±12	16	3	±3
0～10					18		

一、指示表的工作原理

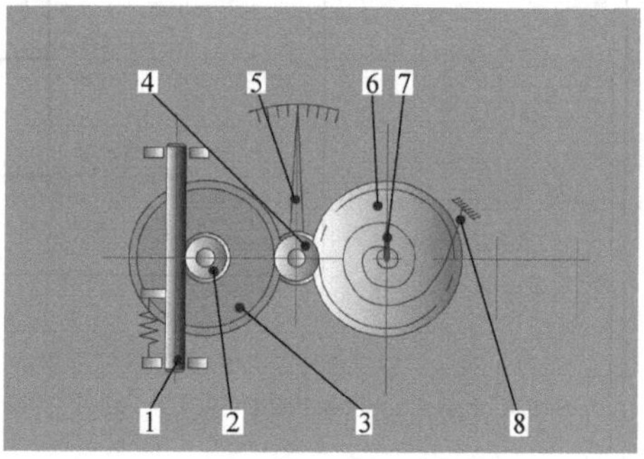

指示表的工作原理

测量杆1移动时，通过齿条带动齿轮2和3转动，并由齿轮3带动齿轮4转动，于是使指针5摆动。同时，齿轮4又带动齿轮6和毫米指针7移动。根据该传动系统的传动比，可以计算得出测量杆移动1mm，表针5转1圈，毫米表针7转动1格。与齿轮6固定在一起的游丝8，用于消除传动系统中的啮合间隙。由于表盘上共刻100格，所以指针5每转一格表示齿杆移动0.01mm。

二、指示表的测量范围

指示表的测量范围可分为：

0～3mm、0～5mm

0～10mm、0～20mm等。

指示表的测量范围

三、指示表使用前检查其完好性

1）测量杆移动要灵活，指针与表盘应无摩擦。
2）轻轻推动测量头 2~3 次，看指针是否回到原位。

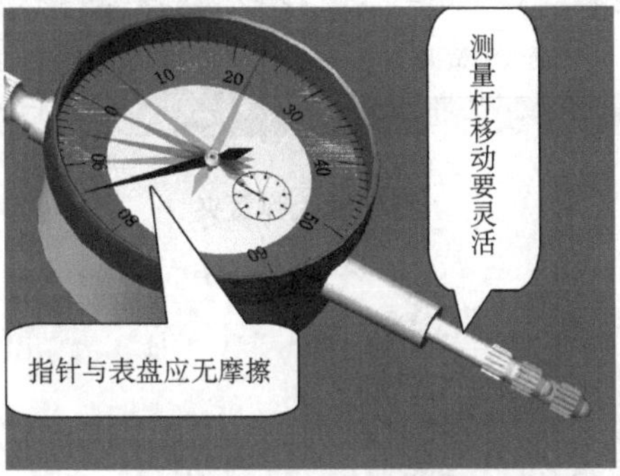

检查测量杆是否灵活

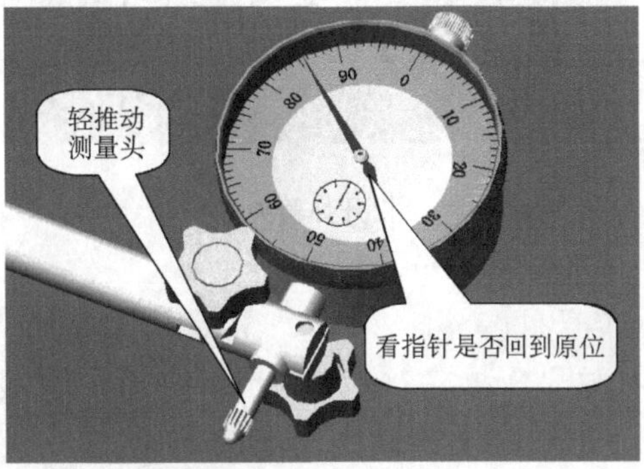

检查指针回原位情况

四、指示表的安装

1. 一般与磁性表架、偏摆仪、测齿仪等配合使用

其具体步骤如下：
根据使用需要可将磁性表座吸置机床导轨面或工作台面上。

装置测齿仪

装置磁性表座

1）将磁性表座上的弹簧夹松开。
2）钟式指示表测杆插入锁紧弹簧夹。

2. 与偏摆仪配合使用

其具体步骤同上。

松开弹簧夹

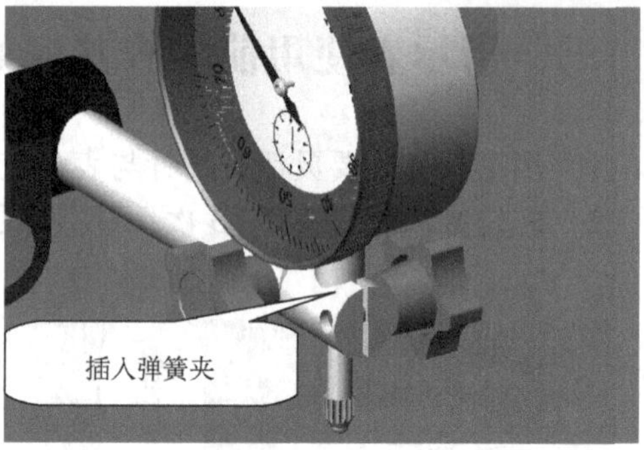

测杆插入弹簧夹

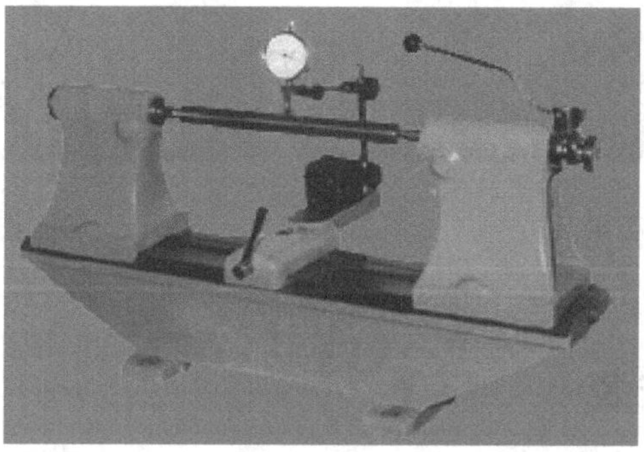
放置偏摆仪

五、指示表的使用方法

1. 测量同轴度误差

1）指示表测头与被测面接触后指针压过 0.30～0.50mm，注意（测杆与被测面垂直）。

2）然后转动表盘使指针对“0”。

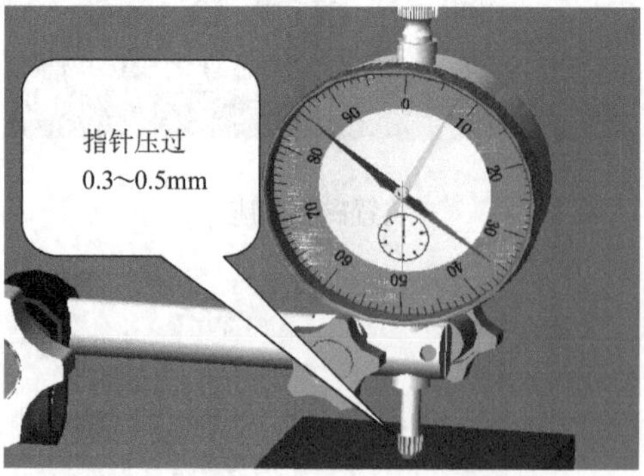

测杆垂直被测面

转动表盘指针对“0”

3）工件旋转 360°，观察指示表指针的变化量，（最高点 - 最低点 = 同轴度误差）。

2. 测量偏心距

注意：选择指示表测量范围应大于该偏心距的 2 倍以上。

1）应大致找到最低点，指示表测头与被测面接触指针压过 0. 30 ~ 0. 05mm（测杆与轴线垂直），旋转工件找出最低点读数。

2）然后转动表盘使长指针对准“0”位。

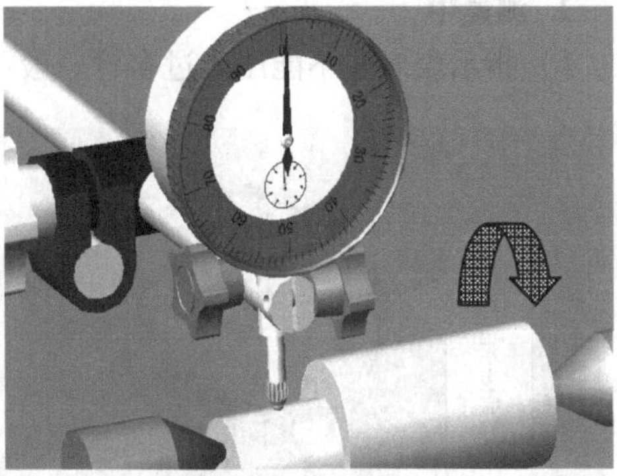

转动工件 360°

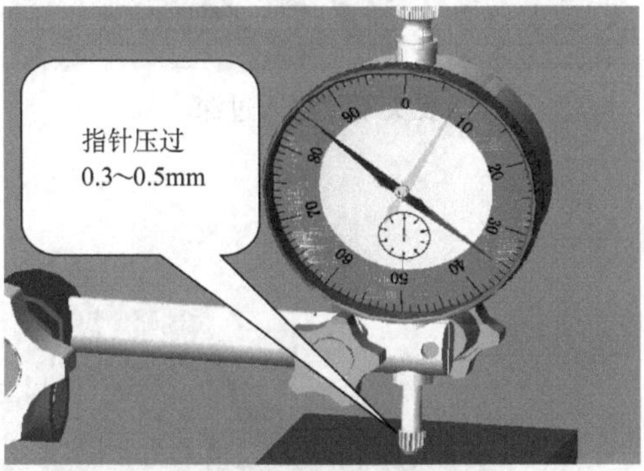

测杆垂直轴线

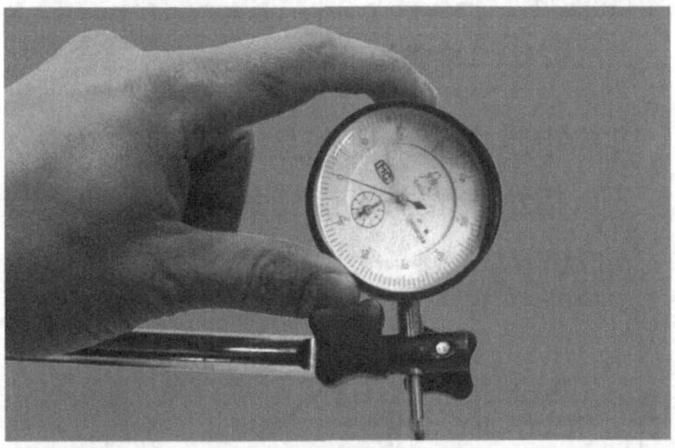

转动表盘指针对“0”

3）工件旋转 360°从表盘上找出最高点并读出数值。

4）先观察小指针的转动圈数再看长指针（小指针为毫米整数，长指针为毫米小数，两者相加即为偏心距）。

工件旋转 360°

从表盘上找出最高点读数

六、使用指示表时的注意事项

1. 使用前

检查指示表完好性。

2. 测量中

1）指示表表头不能压入过多，一般不得超过1mm。

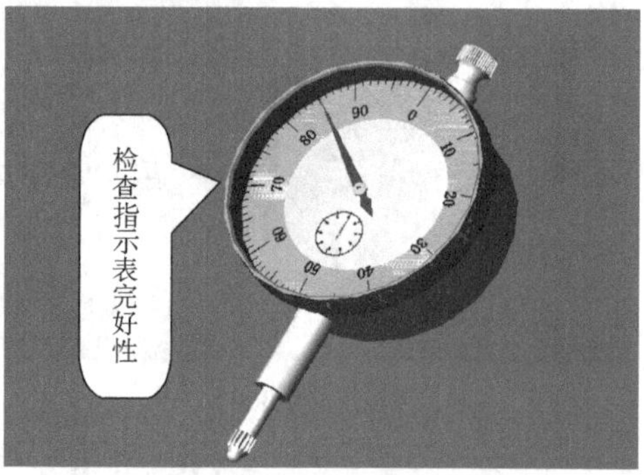

检查指示表完好性

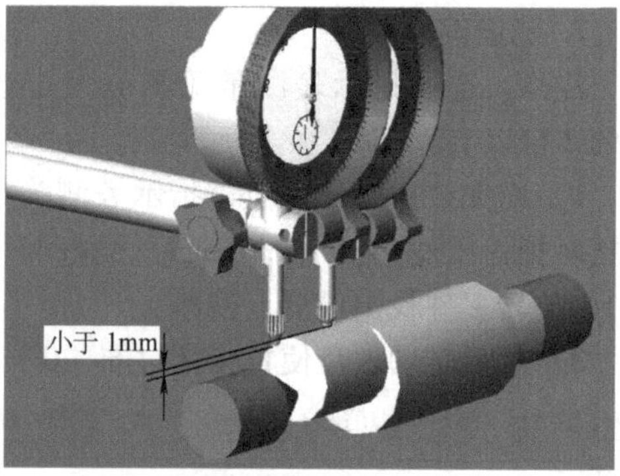

表头不得压入过深

2）指示表表头应垂直工件轴线。

3）指示表表头不能受到剧烈振动。

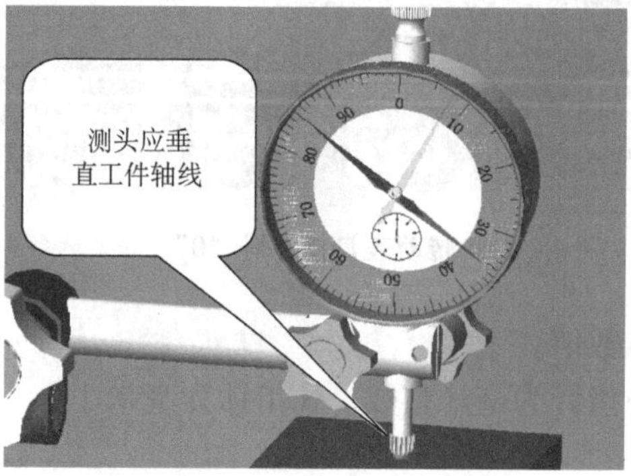

指示表表头垂直轴线

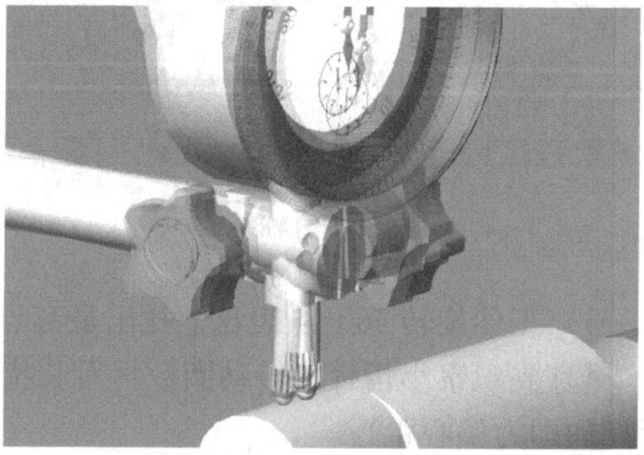

指示表表头不得受到剧烈振动

4）不得测量正在机床上旋转的工件。

3. 使用后

1）应将指示表擦净放置在专用盒内。

2）长时间不使用时，应涂油保存，以防止生锈。

指示表严禁测量旋转工件

应将指示表擦净放置在专用盒内

课题小结

本课题主要介绍了长度计量器具中的指示表。它的结构形状、工作原理、读数方法、安装方法、使用方法及测量前后的注意事项。其中应掌握指示表的工作原理、读数方法和使用方法。通过对本课题学习，可以了解指示表结构、类型、用途等；要着重掌握是用指示表测量零件的径向跳动、端面跳动、同轴度等的测量方法，及在测量过程中应反复加强测量手势、手感上技能与技巧的训练。

思考与检查

1. 指示表的分度值为________。
2. 指示表测量范围通常分为________ mm，________ mm，________ mm。
3. 测量时测量杆的移动距离不能太大，不能超出表的________。
4. 不能用指示表测量________的表面。
5. 用指示表测量时，测量杆应与被测表面________。

技能练习

1. 掌握指示表的使用方法。
2. 会用指示表测量同轴度误差和偏心距等，要求方法测量误差为 ±0.01mm。

技能检查

完成情况

是 否

1. 安全测量，文明测量 ………………………………………… □ □
2. 指示表的安装 ………………………………………………… □ □
3. 掌握指示表的使用 …………………………………………… □ □
4. 练习测量完成的质量 ………………………………………… □ □

指示表练习检查评分表（见练习图样） （单位：mm）

项次	考核项目	考 核 要 求	配分	检验与考核记录(3次)			扣分	得分
1	同轴度	◎ | ϕ0.03 | A	28					
2	偏心距	2 ±0.10	22					
3		4 ±0.05	22					
4		6 ±0.05	22					
5	安全、文明测量情况		6					

课题 4

内径指示表

学习目标

- 了解内径指示表的用途、结构。
- 掌握内径指示表组装的步骤。
- 掌握内径指示表的调整。
- 掌握内径指示表的识读。
- 学会用内径指示表测量内径、槽宽、圆度等。

相关工件、图样、量具和辅助物

1. 练习图样。

2. 量具：涨簧式内径指示表 10～18mm、18～35mm、35～50mm；定位护桥式内径指示表 50～160mm。

3. 被测量工件。

练习图样

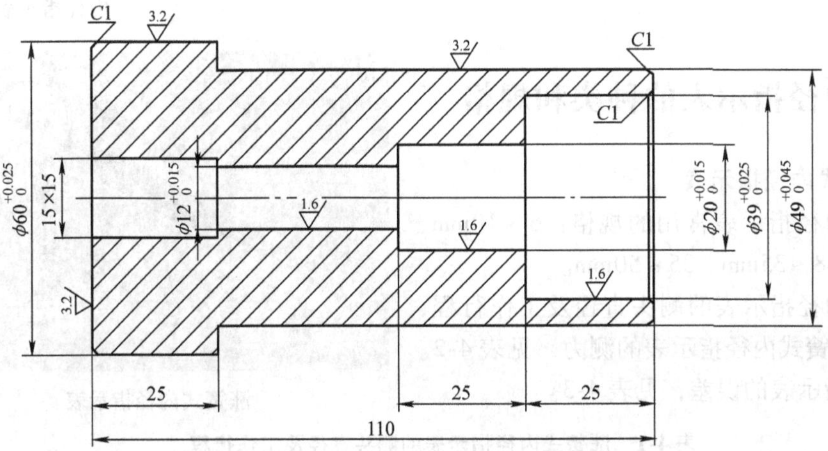

练习内容	材料	规格	工时/min
测量	45 钢		150

内径指示表是一种借助于指示表为读数机构，配备杠杆传动系统组合的比较量具，可以准确地测量出孔的形状误差和孔径，其优点是可以测出深孔、深槽的尺寸。

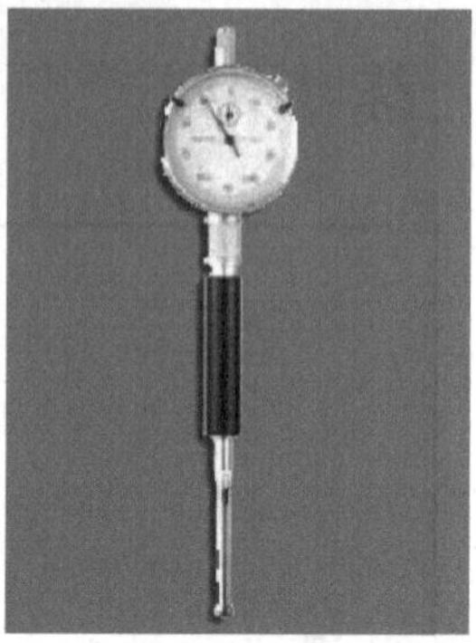
内径指示表

一、内径指示表的种类和规格

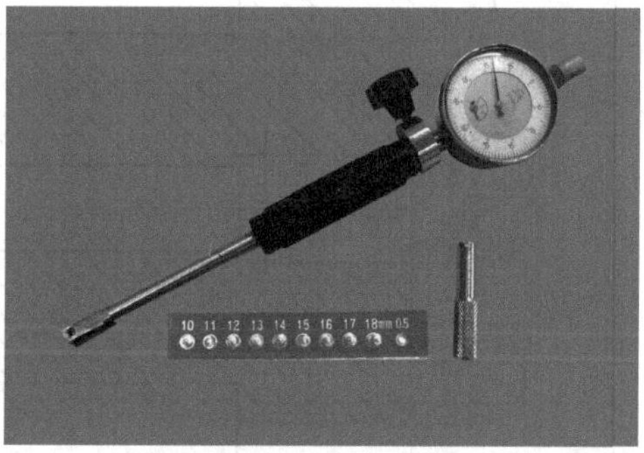
涨簧式内径指示表

1. 涨簧式内径指示表

涨簧式内径指示表常用的规格：6～10mm、10～18mm、18～35mm、35～50mm。

涨簧式内径指示表的测头直径及工作行程，见表4-1，涨簧式内径指示表的测力，见表4-2。涨簧式内径指示表的误差，见表4-3。

表4-1 涨簧式内径指示表的测头直径及工作行程

涨簧测量头标称直径/mm	2.0,2.25,2.5,2.75,3.0,3.25,3.5,3.75	4.0,4.5,5.0,5.5,6.0,6.5,7.0,7.5,8.0,8.5,9.0,9.5	10,11,12,13,14,15,16,17,18,19,20
涨簧测头工作行程/mm	0.3	0.6	1.2

注:工作行程为0.3mm的,涨簧测头预压量应≥0.05mm,工作行程为0.6mm和1.2mm的,涨簧测头预压量应≥0.01mm。

表4-2 涨簧式内径指示表的测力

涨簧测头的标称直径/mm	2.0～4.5	5.0～9.5	10～20
测力/N	≤2.5	≤3.5	≤4.0

涨簧式内径指示表的示值误差、相邻误差不大于表4-3的规定。

表4-3 涨簧式内径指示表的误差

涨簧测头工作行程/mm	示值误差/μm		相邻误差/μm	
	新制的	使用中和修理后的	新制的	使用中和修理后的
0.3	±10	±12	±5	±8
0.6	±12	±15	±5	±8
1.2	±15	±20	±5	±8

2. 钢球式内径指示表

钢球式内径指示表常用的规格50~160mm、160~250mm、250~450mm。

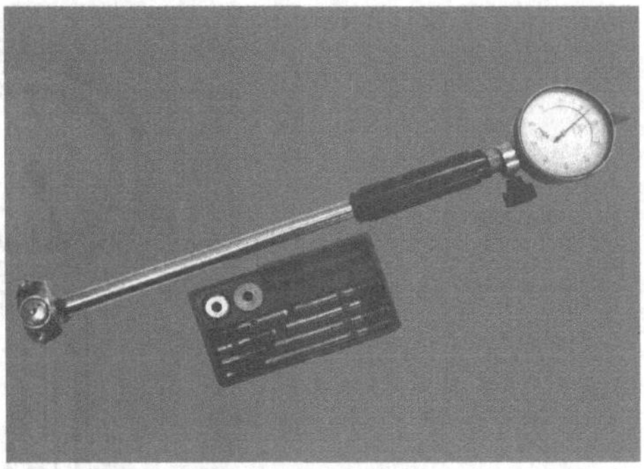
钢球式内径指示表

钢球式内径指示表测量钢球的工作行程应符合表4-4的要求。

表4-4　钢球式内径指示表钢球的工作行程

A系列测量范围/mm	2~2.5	2.5~3.5	3.5~5	5~10	10~18
B系列测量范围/mm	2~3	3~4	4~6	6~10	10~18
测量钢球的工作行程/mm	0.15	0.3	0.6	0.8	1

注：测量上限<4mm的，钢球测头预压量应≥0.05mm；测量上限>4mm的，钢球测头预压量应≥0.1mm。

钢球式内径指示表测量钢球的测力应符合表4-5的要求。

表4-5　钢球式内径指示表钢球的测力

测量范围/mm	A系列	2~2.5	2.5~3.5	3.5~5	5~10	10~18
	B系列	2~3	3~4	4~6	6~10	10~18
测力/N		0.5~2	0.8~2.5	1~3.5	1.5~4	2~4.5

钢球式内径指示表示值误差和相邻误差应不大于表4-6的规定。

表4-6　钢球式内径指示表的误差

测量钢球的工作行程/mm	示值误差/μm		相邻误差/μm	
	新制的	使用中和修理后的	新制的	使用中和修理后的
≤0.5	±8	±10	±4	±6
>0.5~1	±10	±12	±5	±8
>1~2	±12	±15	±5	±8
>2	±15	±20	±5	±8

二、内径指示表的传动原理

内径指示表是将指示表装夹在测架4上，测头1通过摆动块5，连杆6，将测量值一比一地传递给指示表。可换测头2可根据孔径大小更换。测量力由弹簧7产生。

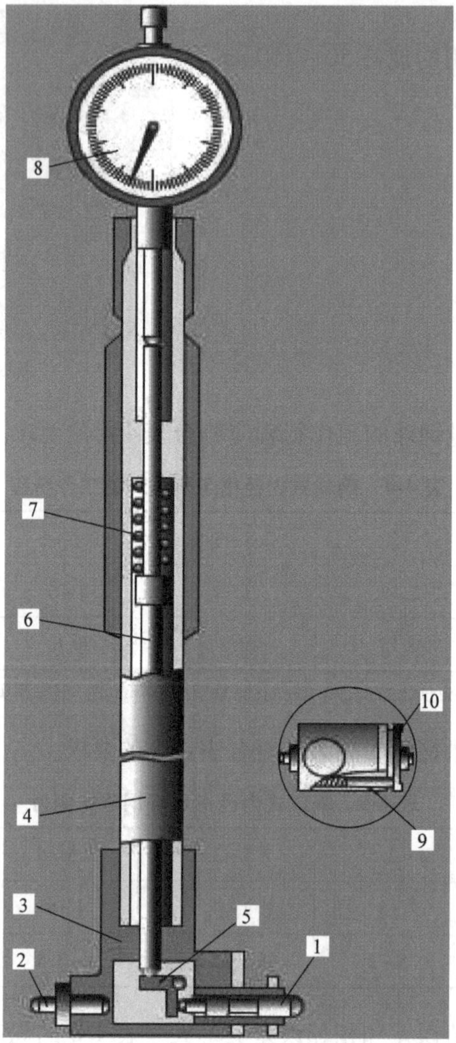

内径指示表的传动原理

1—测头 2—可换测头 3—护套 4—测架 5—摆动块 6—连杆
7—弹簧 8—指示表 9—调节弹簧 10—定心装置

三、内径指示表的组装步骤

1）在测量杆上端孔内装入指示表头，使指示表测杆压缩0.2～0.3mm后锁紧。

2）用游标卡尺量出测头到可换测头之间的距离（被测工件公称尺寸加上0.30～0.40mm），并调节可换测头接触游标卡尺的测量爪。

3）锁紧紧固螺母。

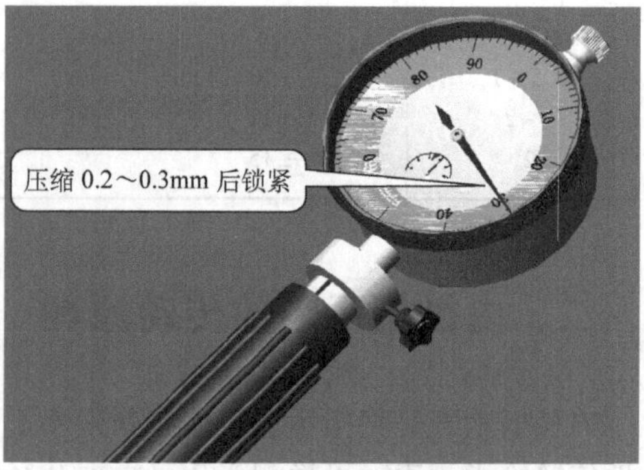

指示表测杆压缩0.2～0.3mm

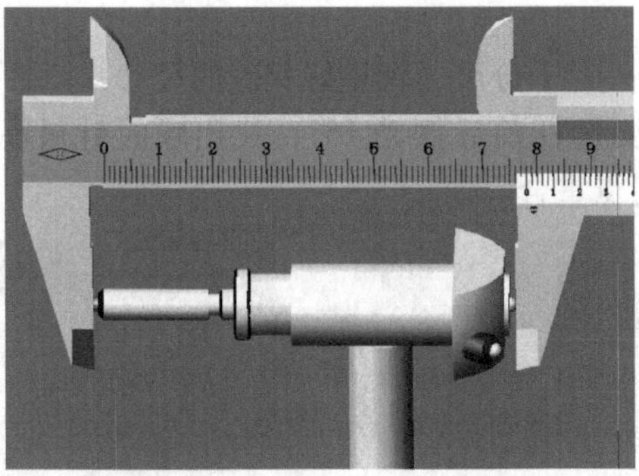

量出测头到可换测头之间的距离

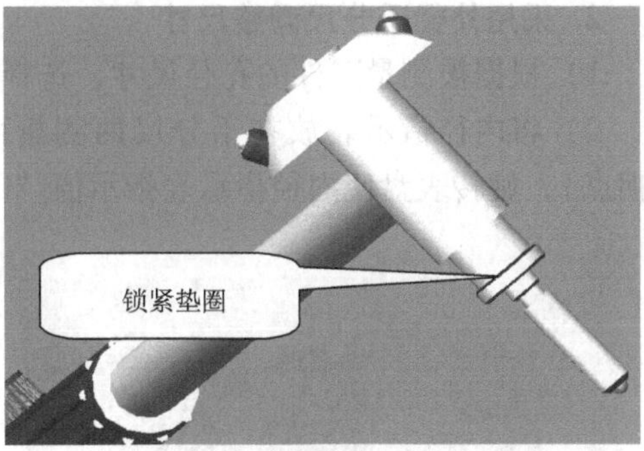

锁紧紧固螺母

四、内径指示表零位的调整方法

1. 采用标准环规调整尺寸

1）根据被测量工件的孔径尺寸，选择相应的标准环规。

2）将组装完整的内径指示表放入标准环规，先放入活动测头，再放入可换测头。

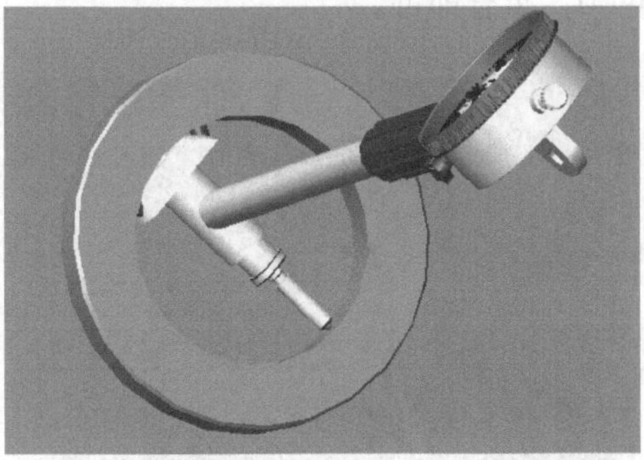

采用标准环规调整尺寸

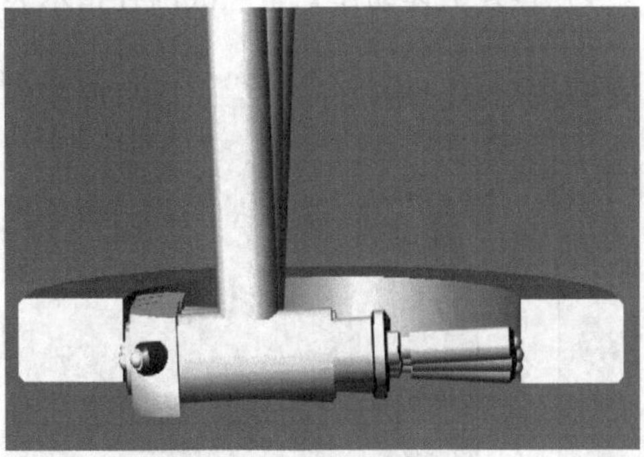

内径指示表放入标准环规

3）测杆与孔壁垂直，且沿孔的径向微微来回摆动 10°，找出指针的“拐点”并旋转表盘使指示表指示值“0”重合。(反复摆动几次使指示表指示值“0”重合)。

4）将调整好“0”位后的内径指示表从标准环内轻轻取出（先出可换测头）。

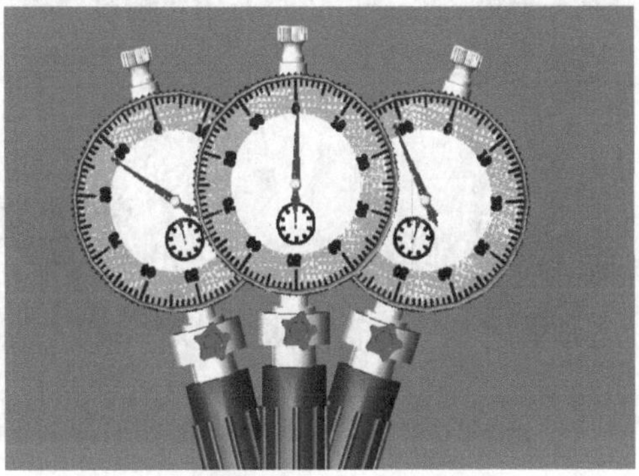

指示表测杆与孔壁垂直

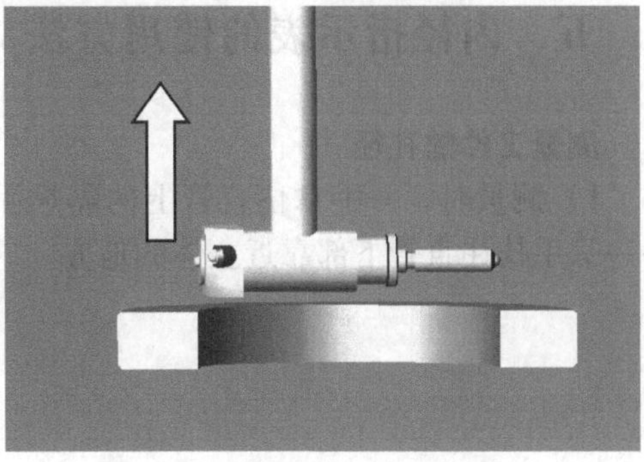

内径指示表从标准环内轻轻取出

2. 采用外径千分尺调整尺寸

1）根据被测量工件的孔径尺寸，选择相应的外径千分尺（调整好相应的尺寸并锁紧）。

2）将内径指示表放在千分尺两测量面内，测量杆前后摆动 15°，找出顺时针最高点（拐点），旋转表盘使内径指示表指示值“0”与拐点重合。

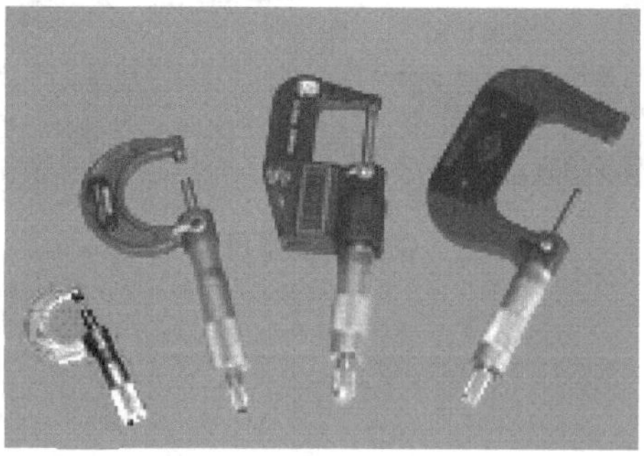

采用千分尺调整孔径尺寸

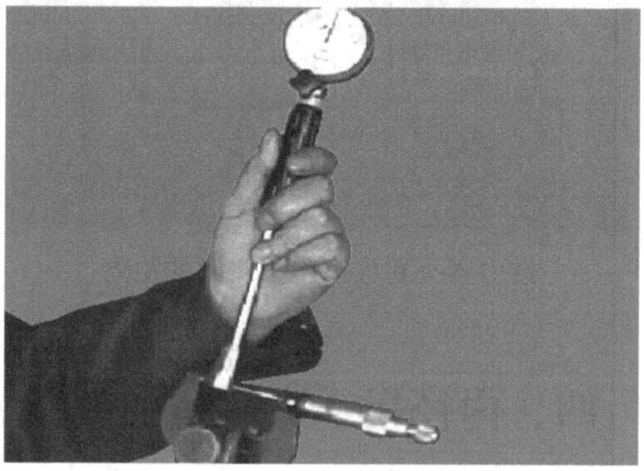

内径指示表放置尺内摆动

3）测量杆左右摆动（一个截面内）顺时针最高点与内径指示表指示值“0”重合。

4）重复上述动作二至三次内径指示表指示值“0”重合即可。

顺时针最高点与内径指示表指示值“0”重合

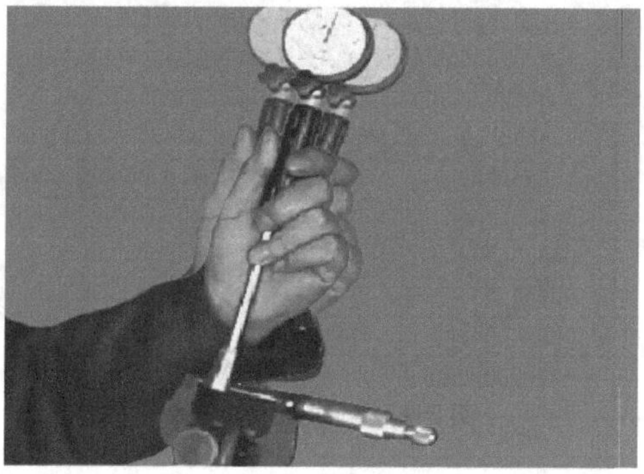

重复前面动作二至三次

五、内径指示表的使用方法

测量工件的孔径

1）测量时，一手拿住直管上的隔热手柄，另一只手扶住直管下部靠近主体的地方。

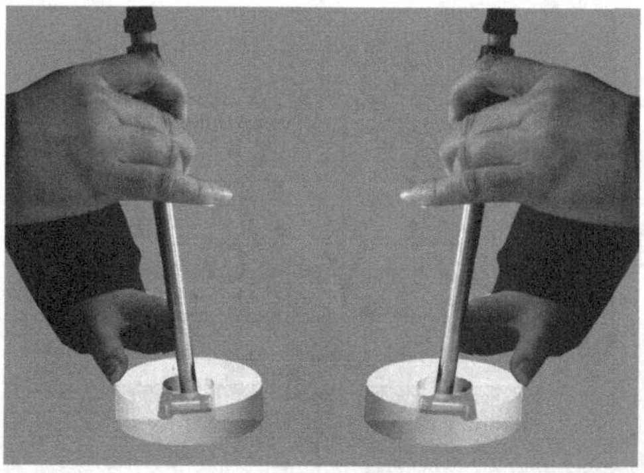

手拿住直管上的隔热手柄

2）将已调整好的内径指示表测量杆伸到被测工件孔内，前后摆动幅度一般为 10°左右，使内径指示表的测头与被测孔径的轴线垂直。

3）观察表指针指向的数值与“0”位偏差值。

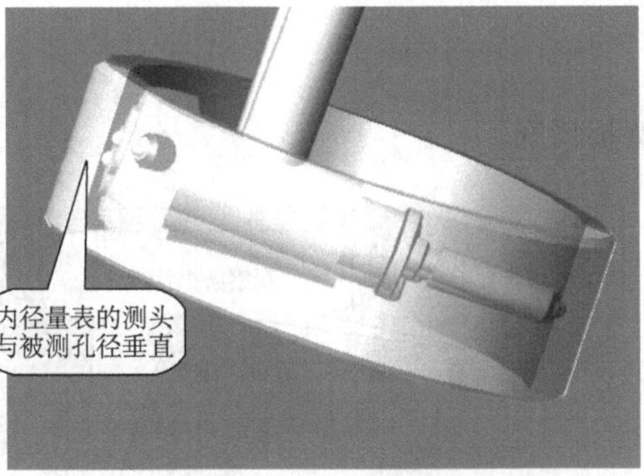

内径指示表的测头与被测孔径垂直

观察表指针指向的数值与“0”位偏差值

六、内径指示表测量时的识读方法

1）如果指针正好指在“0”位，说明被测件与标准环规的孔径相等。

2）若指针最高点（拐点）超过“0”位，表示被测孔径尺寸小于标准环的孔径。

孔径 = 基本尺寸 − 偏差值

3）反之表示被测孔径尺寸大于标准环的孔径。

孔径 = 基本尺寸 + 偏差值

指针指在“0”位是标准孔径尺寸

指针过零为“ − ”值

指针不过零为“ + ”值

七、使用内径指示表时的注意事项

1. 测量前

1）首先检查内径表中指示表的灵活程度。

2）观察可换测头和活动测头的球面部分的磨损情况。

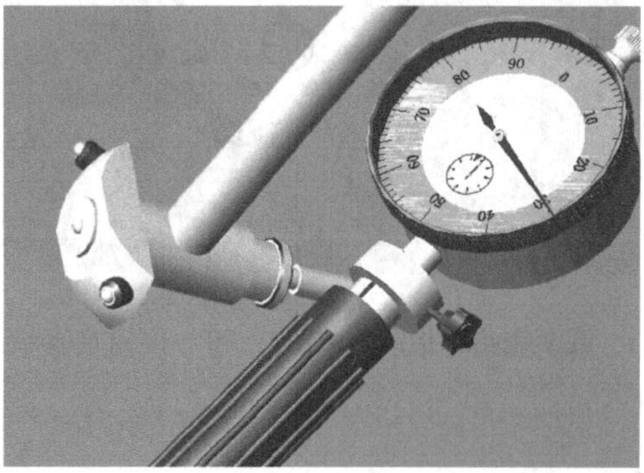

检查内径指示表灵活情况

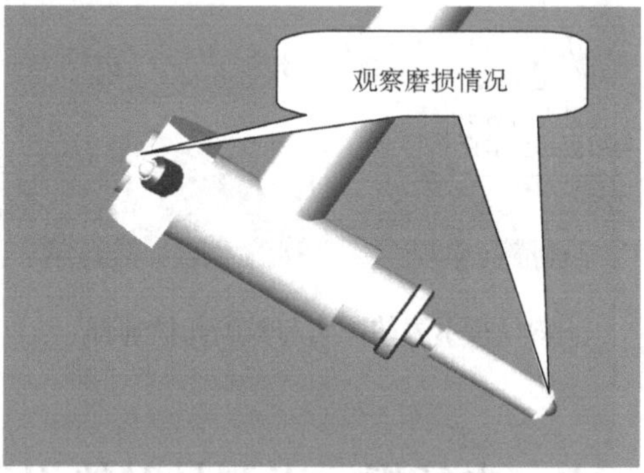

检查测头磨损情况

2. 测量中

1）不要用力过大或过快地按压活动测头，不要使活动测头受到剧烈振动。

2）装卸指示表时，不允许硬性地插入或拔出，先松开弹簧夹头的紧固螺钉或螺母。

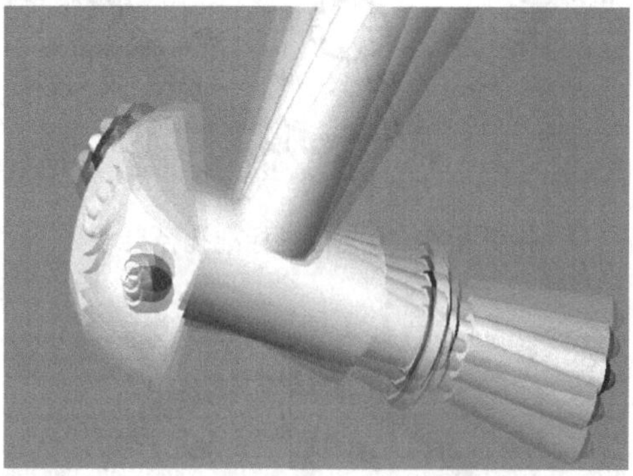

测头不得受剧烈振动

装卸指示表时不可硬性拔出

3）内径指示表要轻拿轻放，以防调整好的尺寸失准，在测量过程中要经常校对“0”位。

3. 测量后

测量完毕，要把指示表、可换测头取下擦净，并在测头上涂好防锈油后放入盒内保管在干燥地方。

防止调整好的尺寸走动

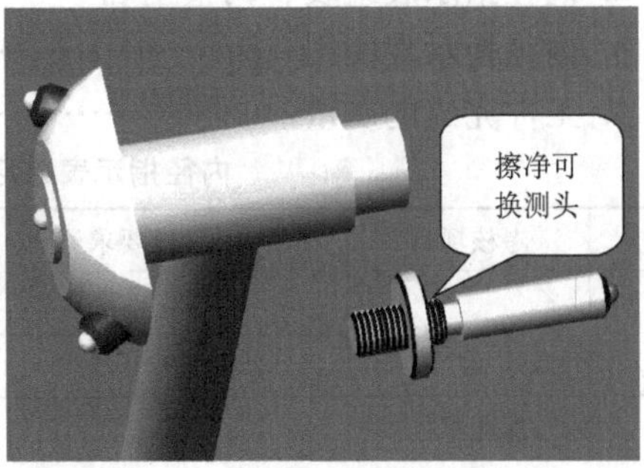

用后的内径指示表擦净放入盒内

课题小结

本课题主要介绍了长度计量器具中的内径指示表。它的结构形状、传动原理、读数方法、组装方法、使用方法及测量前后的注意事项。其中应掌握内径指示表的传动原理、读数方法和使用方法。通过本课题学习，可以了解内径指示表结构、类型、用途等；要着重掌撑是用内径指示表对内径、槽宽、圆度等长度尺寸进行测量的测量方法，及在测量过程中应反复加强测量手势、手感上技能与技巧的训练。

思考与检查

1. 指示表应牢固地装夹在表架上，测量杆的压缩量不能过大，一般为________mm。
2. 内径指示表在调整零位时，要注意测量杆不要伸出太长，一般为________mm。避免在测量时测量杆无法塞进孔内进行测量。
3. 内径指示表测量工件内孔时，表杆应与工件轴线________，不能歪斜，以免产生测量误差。
4. 测量时，应先压缩________，再移入工件孔内，不能用猛力推内径指示表，以免损坏量具。

技能练习

1. 要求内径指示表组装正确。
2. 用内径指示表配合标准环规调整“0”位，要求方法正确，精度误差为 ±0.01mm。
3. 用内径指示表配合外径千分尺调整“0”位，要求方法正确，精度误差为 ±0.015mm。
4. 要求内径指示表识读正确。
5. 掌握用内径指示表测量工件孔径、槽宽等，测量误差在 ±0.015mm 之内。

技能检查

完成情况
是 否

1. 安全测量、文明测量 ………………………………………… □ □

2. 内径指示表组装、调整正确 …………………………………………… □ □
3. 内径指示表使用 ………………………………………………………… □ □
4. 工件完成的质量 ………………………………………………………… □ □

内径指示表练习检查评分表（见练习图样） （单位：mm）

项次	考核项目	考核要求	配分	检验与考核记录(3次)			扣分	得分
1	孔 径	$\phi20^{+0.015}_{0}$	20					
2		$\phi39^{+0.025}_{0}$	20					
3	深孔直径	$\phi12^{+0.015}_{0}$	25					
4	方槽	15×15	2×15					
5	安全、文明测量情况		5					

课题 5

杠杆指示表

学习目标

- 了解杠杆指示表的用途及使用场合。
- 了解杠杆指示表的结构形状。
- 掌握杠杆指示表的工作原理。
- 掌握杠杆指示表的安装。
- 会用杠杆指示表测量工件的对称度等。

相关工件、图样、量具和辅助物

1. 练习图样。
2. 量具：杠杆指示表　0～0.8mm（±0.40mm）、0～1mm（±0.50mm）。
3. 工具：磁性表座。
4. 被测量工件。

练习图样

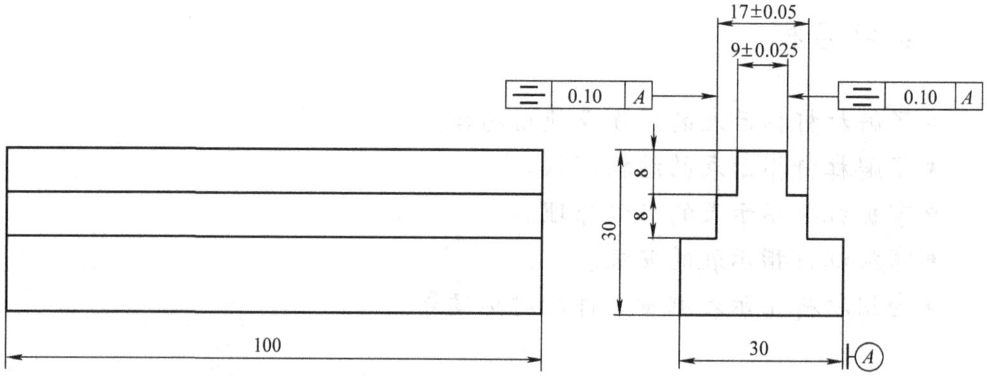

练习内容	材料	规格	工时/min
测量	45钢		120

杠杆指示表主要采用相对测量法测量工件的形状、位置误差，或与量块配合使用，测量工件的长度尺寸。由于它体积小，杠杆测头能改变方向，对凹槽或小孔等工件表面，可起到其他量具无法测量的独特作用。

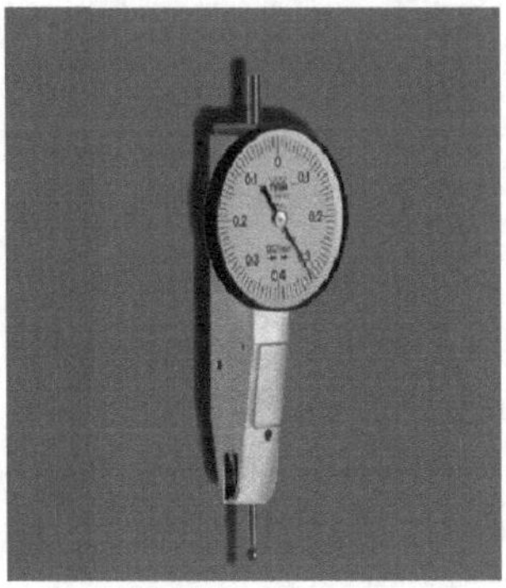

杠杆指示表

杠杆指示表测杆处于自由状态时，指针位置应符合表5-1的要求。

表5-1 杠杆指示表测杆处于自由状态时指针位置

类　别	量程/mm	指针在"0"刻度左方上/分度
杠杆指示表(0.01mm)	0.8	10~20
	1	12~25
杠杆指示表(0.001mm)	0.2	5~10

注:1. 正面式和侧面式的"0"刻线应位于表体的对称平面上。端面式的"0"刻线应位于测杆摆动的平面内。
2. 具有换向器的杠杆表,换向前后,指针应分别在"0"刻度的左、右上方且满足本表的要求。

杠杆指示表测杆总行程应大于量程：对0.01mm杠杆指示表而言，总行程应超过量程0.1mm；对0.001mm杠杆指示表而言，总行程应超过量程0.02mm。

杠杆指示表的示值误差和回程误差应不大于表5-2的规定。

表5-2 杠杆指示表的示值误差和回程误差

类　别	示值误差/μm						回程误差/μm	
	任意段的		任意0.1mm		任意0.02mm			
	1级	2级	1级	2级	1级	2级	1级	2级
杠杆指示表(0.01mm)	±12	±15	±8	—	—	—	±3	±5
杠杆指示表(0.001mm)	±4	±6	—	—	±3	±4	±2	±3

注:新制的必须按1级表要求,使用中和修理后可按2级表要求。

一、杠杆指示表的传动原理

杠杆指示表是利用杆件和齿轮放大原理制成的，借助于杠杆—齿轮或杠杆—螺旋转动，将杠杆测头的直线位移转变成指针在表盘上的角位移。

杠杆测头6摆动时，带动扇形齿轮4绕其轴转动（5为弹簧钢丝），扇形齿轮又驱动中心齿轮1，指针3装在齿轮1的轴上。当齿轮1转动，指针3也随之转动，在表盘上指示出杠杆测头的摆动量。为了消除齿轮的齿侧间隙，以减少传动误差。中心齿轮1上还装有游丝2。

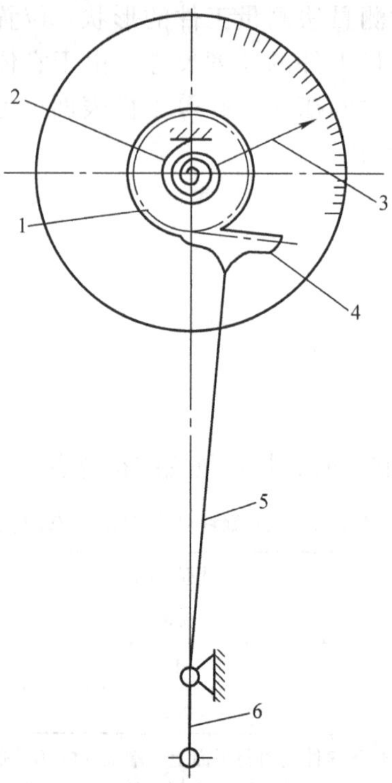

杠杆指示表的传动原理

1—齿轮 2—游丝 3—指针 4—扇形齿轮 5—弹簧钢丝 6—杠杆测认

二、常用杠杆指示表的测量范围

常用杠杆指示表有 0 ~ 0.8mm（±0.40mm）、0 ~ 1mm（±0.50mm）两种。其分度值为 0.01mm。

杠杆指示表的测量范围

三、使用前杠杆指示表完好性的检查

1）转动表盘应与指针无摩擦。

2）轻轻推动测量头2~3次，看指针是否灵活且是否回到原位。

表盘与指针无摩擦

指针是否灵活是否复位

四、杠杆指示表的安装

杠杆指示表一般与磁性表座、高度尺配合使用，具体步骤如下：

1）磁性表座上装杠杆表夹脚。

2）根据使用需要将磁性表座吸在机床导轨面或工作台面上。

3）在夹脚上装杠杆指示表。

磁性表座上装夹脚

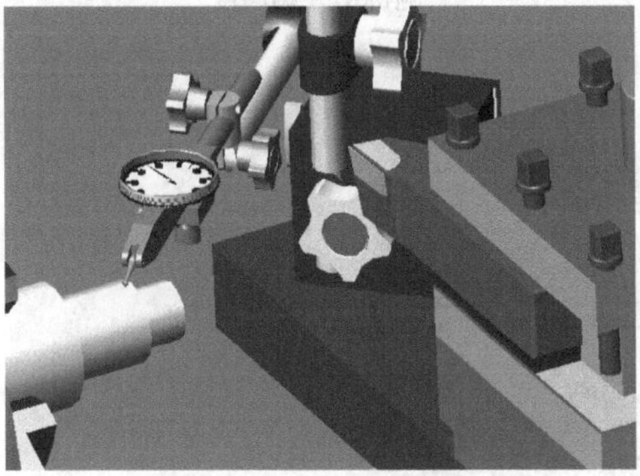

表座吸至工作台面上

在夹脚上装杠杆指示表

五、杠杆指示表的使用方法

测量工件的对称度

1）将被测工件放置平板上。

2）调整杠杆指示表测头轴线与测量面角度约小于15°的夹角（指针压过0.10~0.15mm）。

将被测工件放置平板上

杠杆指示表测头轴线与测量面角度约小于 15°

3）然后转动表盘使指针对“0”。

4）手推动工件，测量键槽一端高度观察表针上的读数。

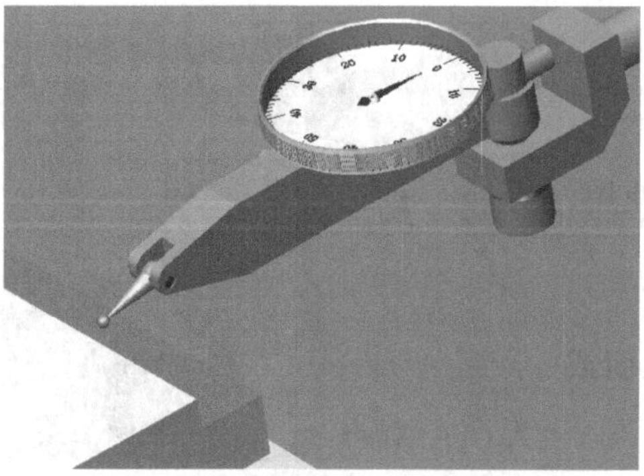

转动表盘使指针对“0”

测键槽一端高度

5）工件翻转 180°用相同方法可测量对称度。

测量对称度

六、使用杠杆指示表时的注意事项

1. 测量前

检查杠杆指示表完好性。

2. 测量中

1）杠杆指示表测杆与工件测量面角度不能大于15°。

检查杠杆指示表完好性

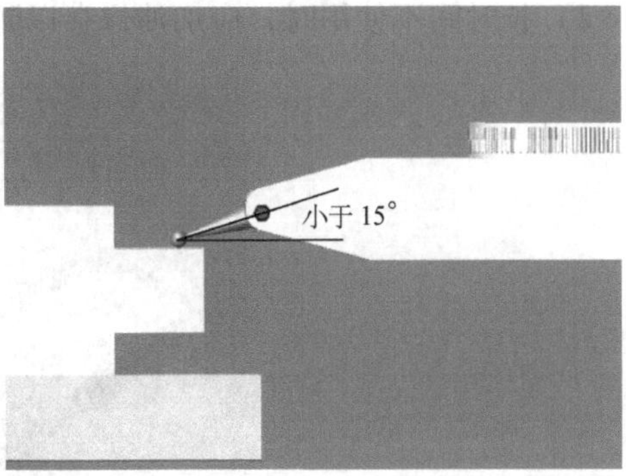

角度不能大于15°

2）不能对杠杆指示表测量杆进行冲击。

3）不能用杠杆指示表测量粗糙不平的表面。

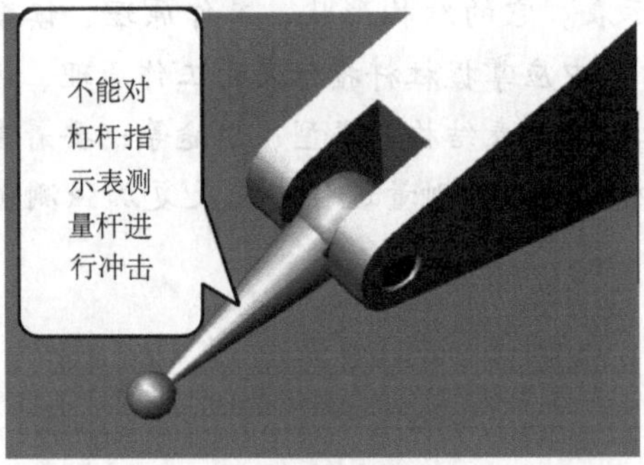

不能对测杆进行冲击

不能测量粗糙不平的表面

4）应防止切削液渗入杠杆指示表内。

5）杠杆指示表不要与其他工具、量具等堆放在一起。

防止切削液渗入表内

杠杆指示表不要与工量具放在一起

3. 测量后

1）应将杠杆指示表擦净放置在专用盒内。

2）长时间不使用时，应加油保存以防止生锈。

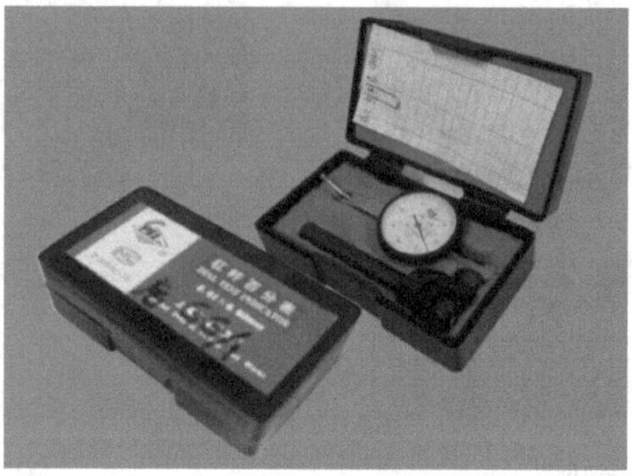

擦净杠杆指示表放入盒内

课题小结

本课题主要介绍了长度计量器具中的杠杆指示表。它的结构形状、工作原理、读数方法、安装方法、使用方法及测量前后的注意事项。其中应掌握杠杆指示表的工作原理、读数方法和使用方法。通过本课题的学习，可以了解杠杆指示表结构、类型、用途等；要着重掌握用杠杆指示表对内径、槽宽、对称度等的测量方法，及在测量过程中应反复加强测量手势、手感上技能与技巧的训练。

思考与检查

1. 杠杆指示表的分度值为________。
2. 杠杆指示表的测量范围一般是________ mm 和________ mm。
3. 测量时测量杆的移动距离不能太大，不能超出表的________。
4. 不能用杠杆式指示表测量________的表面。
5. 杠杆式指示表的活动测量杆轴线最好________表面，如需要倾斜角度时，倾斜的角度________测量数据越精确。

技能练习

1. 掌握杠杆指示表使用方法。
2. 会用杠杆指示表的测量对称度等，要求方法正确测量误差为 ±0.01mm。

技能检查

	完成情况	
	是	否
1. 安全测量，文明测量	□	□
2. 杠杆指示表的安装	□	□

3. 掌握杠杆指示表的使用 ………………………………………………………… □ □

4. 测量完成的质量 ………………………………………………………………… □ □

杠杆指示表练习检查评分表（见练习图样） （单位：mm）

项次	考核项目	考核要求	配分	检验与考核记录(3 次)			扣分	得分
1	对称度	⌯ 0.10 A	48					
2		⌯ 0.10 A	48					
3	安全、文明测量情况		4					

课题 6

直　角　尺

学习目标

- 掌握直角尺用途。
- 了解直角尺的结构。
- 学会用直角尺测量相邻表面垂直度。

相关工件、图样、量具和辅助物

1. 练习图样。

2. 量具：宽座直角尺 75mm × 50mm、100mm × 70mm、150mm × 100mm、圆柱直角尺、刀口直角尺。

3. 被测量工件。

续习图样

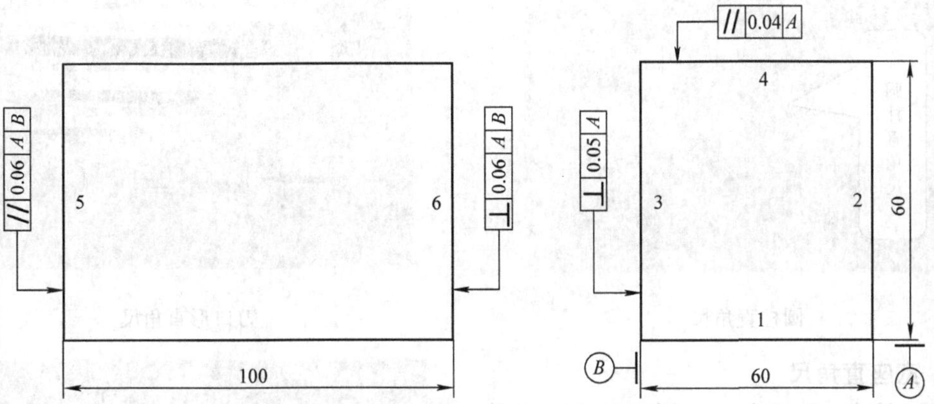

练习内容	材料	规格	工时/min
测量	45钢		120

直角尺主要用于检验垂直度、划线。它结构简单、使用方便，是设备安装、调整以及平台测量中常用的工具之一。

一、直角尺的种类、规格

1. 圆柱直角尺

圆柱直角尺精度：0 级和 1 级用于精密工件检验；2 级用于一般工件检验。

2. 刀口形直角尺

（1）精度　00 级用于量具检验；0 级和 1 级用于检验精密工件；2 级用于一般工件。

（2）规格　75mm×50mm、100mm×70mm、150mm×100mm。

（3）适用场合　测量较小零件。

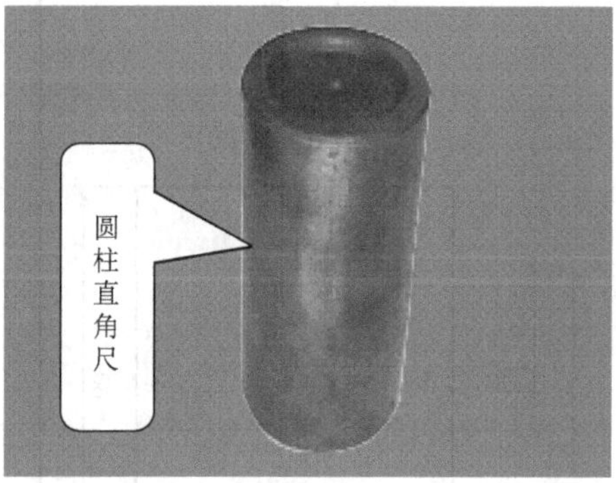

圆柱直角尺

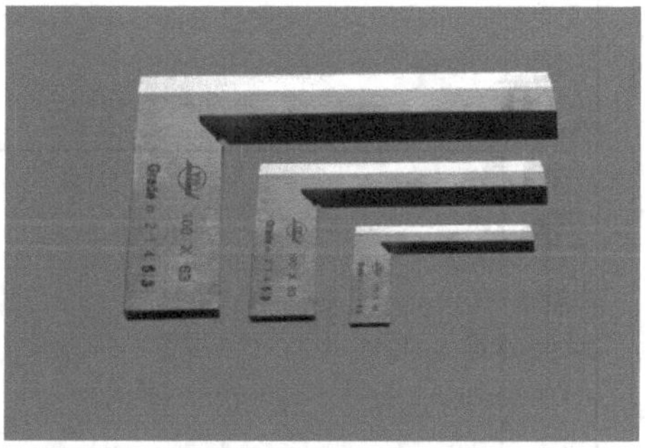

刀口形直角尺

3. 宽座直角尺

（1）精度　0 级和 1 级用于精密工件检验；2 级用一般工件检验。

（2）规格　75mm × 50mm、100mm × 70mm、150mm × 100mm、200mm × 130mm、250mm × 165mm、300mm × 200mm、400mm × 230mm、500mm × 280mm。

（3）适用场合　测量较大零件。

直角尺的技术要求，见表 6-1。

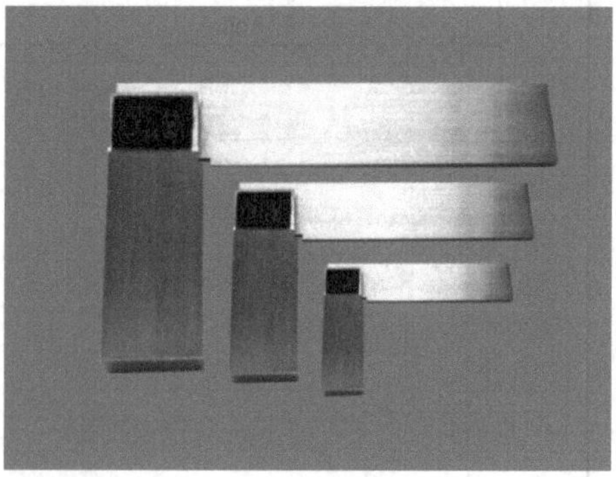

宽座直角尺

表 6-1　直角尺的技术要求　（单位：mm）

项目公差 \ 规格尺寸	150	200	250	300	400	500
尺杆测量面的直线度	0.08	0.10	0.12	0.15	0.20	0.25
尺杆尺面的平面度	0.35	0.40	0.45	0.50	0.60	0.70
尺座测量面的平面度	0.06	0.08	0.10	0.10	0.15	0.20
尺杆、尺座两测量面的平行度	0.08	0.10	0.12	0.15	0.20	0.25
宽座型尺杆侧面对支承面的垂直度	1.00	1.30	1.75	2.00	2.60	3.50
测量面的垂直面	0.15	0.20	0.25	0.30	0.40	0.50

二、宽座直角尺的结构

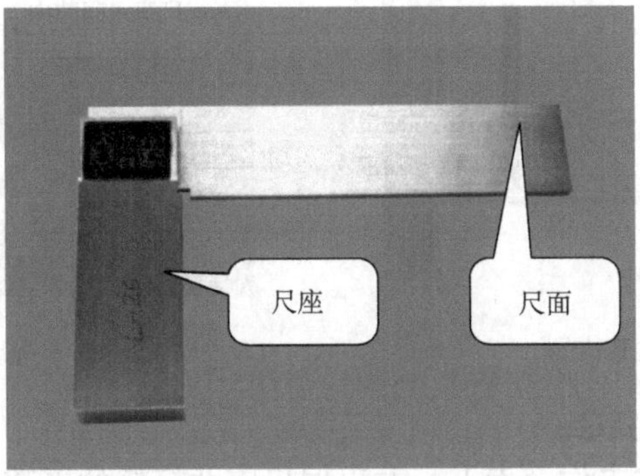

宽座直角尺的结构

三、宽座直角尺的使用方法

1. 测量较小工件时

左手拿工件，右手握尺座。

1）先将尺座的内测面紧贴工件基准表面上。

2）再将直角尺垂直缓缓向下移动直至靠拢被测工件表面（注意：不要碰撞）。

3）根据角尺长边工作面和被测工件表面之间透光间隙的大小，根据经验即可判断被测工件表面相对于辅助基准的垂直度误差值。

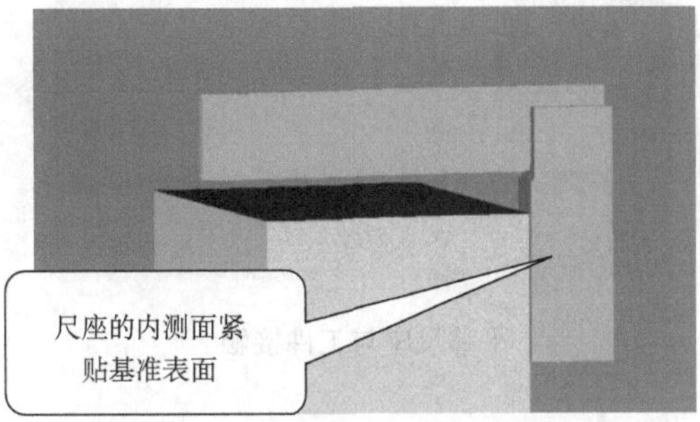

尺座的内测面紧贴工件基准表面上

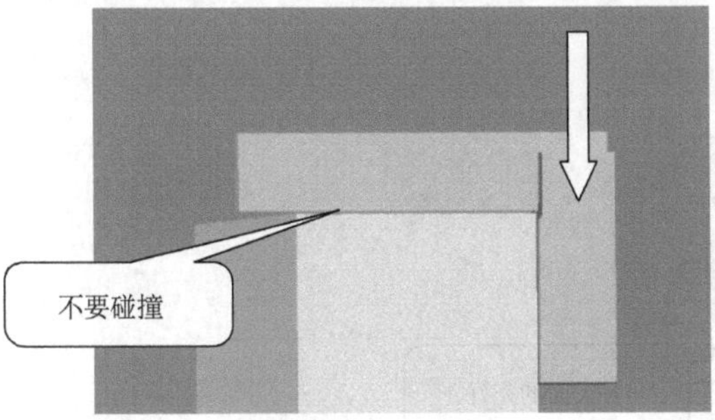

直角尺垂直向下移

观察透光间隙

2. 测量较大工件时

（1）用尺面的内侧面测量

1）将工件放置平板或工作台面上，右手握尺座。

2）左手将塞尺塞入间隙内，测出间隙数值。

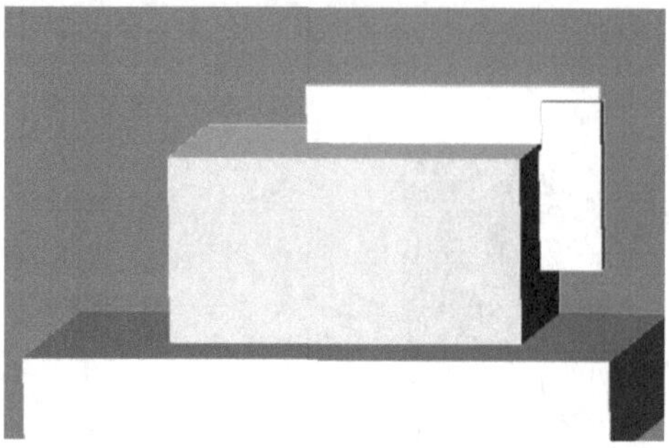

尺面内侧面紧贴基准面

塞尺塞入间隙

（2）用尺面的外侧面测量

1）将工件放置平板或工作台面上，左手握尺座并轻轻的平移尺座与工件接触。

2）右手将塞尺塞入间隙内，测出间隙数值。

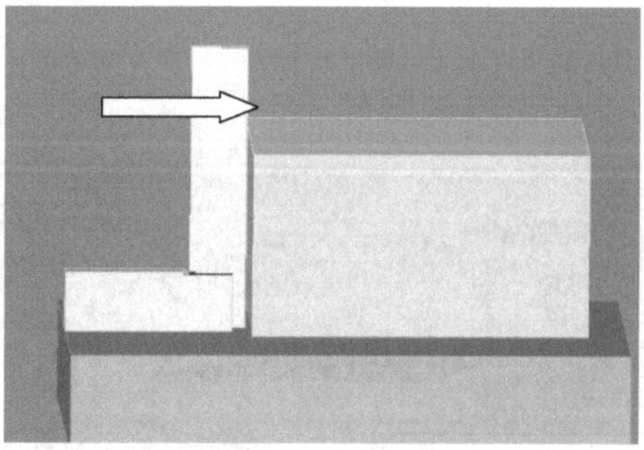

平移尺座与工件接触

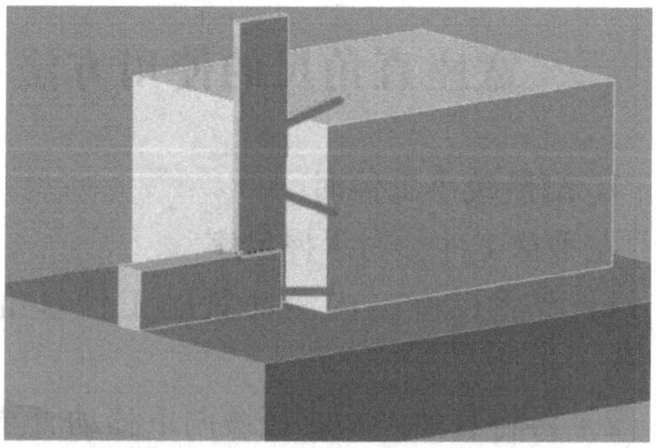

塞尺塞入间隙

四、使用宽座直角尺时的注意事项

1. 测量前

检查直角尺面的完好性。

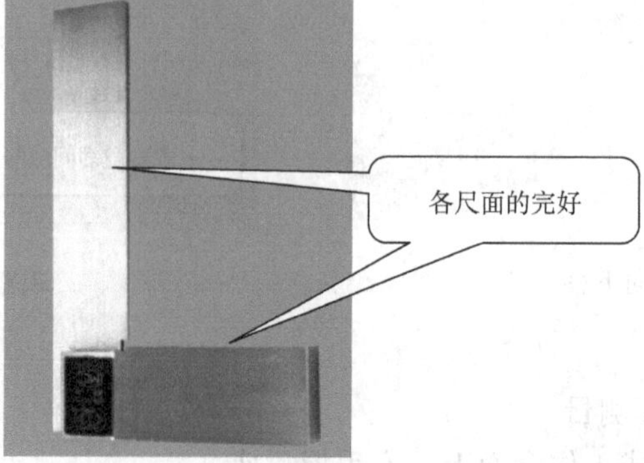

检查直角尺各尺面的完好性

2. 测量中

1）避免尺身前后歪斜。

2）避免尺座、尺面倒置。

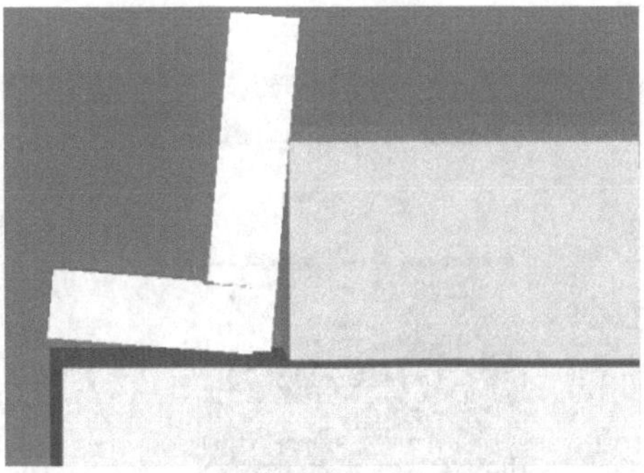

尺身前后歪斜

尺座、尺面倒置

3）避免尺身左右歪斜。

4）用塞尺测量时不可用力过大。

尺身左右歪斜

塞尺测量时不能用力过大

5）宽座直角尺不能测量运动的工件。

6）宽座直角尺不能与工件、刀具量具等放置一起。

宽座直角尺严禁测量运动的工件

宽座直角尺严禁与工件、刀具量具等一起放置

7）宽座直角尺不能放置机床主轴箱及机床导轨上。

3. 测量后

1）宽座直角尺擦净放入盒内。

2）长期间不使用时，应涂油保存，以防止生锈。

宽座直角尺严禁放置机床主轴箱及导轨上

宽座直角尺擦净放入盒内

课题小结

本课题主要介绍了角度计量器具中的直角尺。它的结构形状、使用方法及测量前后的注意事项。其中应掌握直角尺的测量方法。通过本课题学习，可以了解直角尺结构、类型、用途等；要着重掌握是用直角尺对相邻表面垂直度误差的测量方法，及在测量过程中应反复加强测量手势、手感上技能与技巧的训练。

思考与检查

1. 直角尺0级和1级用于精密工件检验，____级用一般工件检验。
2. 直角尺使用中，绝不允许手提____搬动直角尺或将直角尺____，以防直角尺变形和精度失真。
3. 使用前，要擦净直角尺____和____面。

技能练习

完成下列操作：

1. 掌握直角尺、圆柱直角尺的用途。
2. 会用直角尺测量长方体零件相邻表面的垂直度，用塞尺配合测出垂直度误差，测量误差为±0.02mm。
3. 掌握直角尺和塞尺的正确使用。

技能检查

	完成情况 是	否
1. 安全测量，文明测量 …………	□	□
2. 掌握直角尺、刀口形直角尺、宽座直角尺使用方法 …………	□	□

3. 掌握直角尺的操作姿势 …………………………………………………… □ □

4. 测量完成的质量 ………………………………………………………… □ □

宽座直角尺练习检查评分表（见练习图样） （单位：mm）

项次	考核项目	考核要求	配分	检验与考核记录(3次)			扣分	得分
1	垂直度	⊥ 0.06 A B	28					
2		⊥ 0.05 A	28					
3	平行度	// 0.06 A B	20					
4		// 0.04 A	20					
5	安全、文明测量情况		4					

课题 7

游标万能角度尺

学习目标

- 了解游标万能角度尺的用途及使用场合。
- 了解游标万能角度尺的结构。
- 掌握游标万能角度尺的读数原理及读数方法。
- 会用游标万能角度尺测量零件相邻表面的角度误差。

相关工件、图样、量具和辅助物

1. 练习图样。
2. 量具：游标万能角度尺 0°～320°。
3. 被测量工件。

练习图样

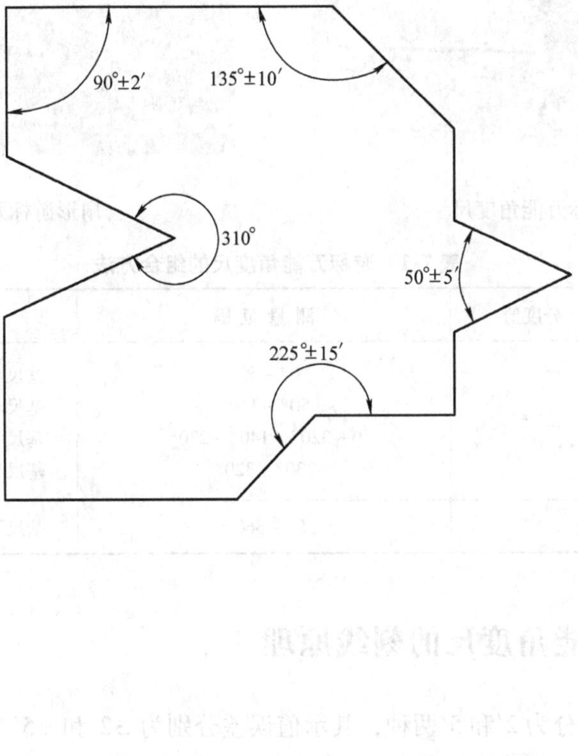

练习内容	材料	规格	工时 /min
测量	45 钢		150

游标万能角度尺是用来测量角度类零件的量具。

一、游标万能角度尺的结构形状

1. 圆形

2. 扇形

游标万能角度尺的组合方法，见表 7-1。

圆形游标万能角度尺

扇形游标万能角度尺

表 7-1 游标万能角度尺的组合方法

形 式	分度值	测 量 范 围	组 合 方 式
扇形角度尺	2′、5″	0°～50° 50°～140° 0～320° 140°～230° 230°～320°	基尺与直尺、直角尺 基尺与直角尺 基尺与直角尺 基尺与扇形板
圆形角度尺	5″	0°～360°	基尺与直尺、直角尺

二、游标万能角度尺的刻线原理

按游标的分度值分为 2′和 5′两种，其示值误差分别为 ±2′和 ±5′

1. 刻线原理（以 5′为例）

主尺两条刻线间的角度值为 1°，主尺的 23 格与游标上的 12 格相等。游标每一格角度值为：23°/12 = 115′/格

这样主尺两格与游标一格的差值为：

2° − 115′ = 120′ − 115′ = 5′

2. 刻线原理（以 2′为例）

主尺两条刻线间的角度值为 1°，游标刻线是将主尺上 29°所占的弧长等分为 30 格，每格所对的角度为 29°/30/格 = 58′/格，因此游标 1 格与主尺 1 格相差：1° − 58′ = 2′

游标万能角度尺（5′）的刻线原理

游标万能角度尺（2′）的刻线原理

三、游标万能角度尺的读数方法

与游标卡尺相似，（以分度值 2′的为例）读数步骤为：

第一步：先读整度数（°），从主尺上可见为 38°。

第二步：再读分数（′），游标上对准的那条线为 30′。

第三步：最后得到整个读数值。

38° + 30′ = 38°30′

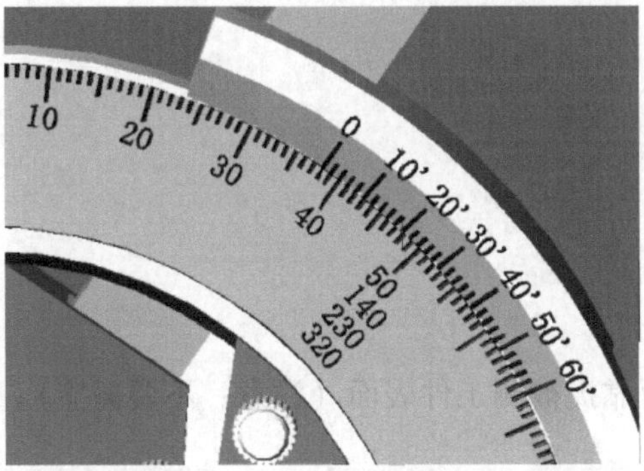

先读整度数

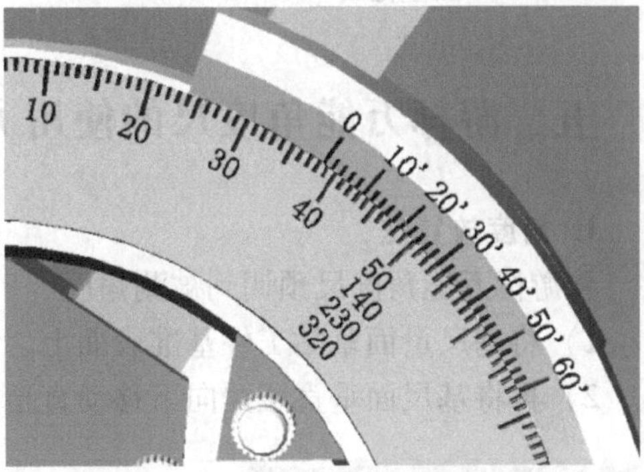

读出整个数值

四、游标万能角度尺的测量范围

测量 0° ~ 50°（角尺 + 直尺）。

测量 50° ~ 140°（直尺）。

测量 140° ~ 230°（角尺）。

测量 230° ~ 320°。

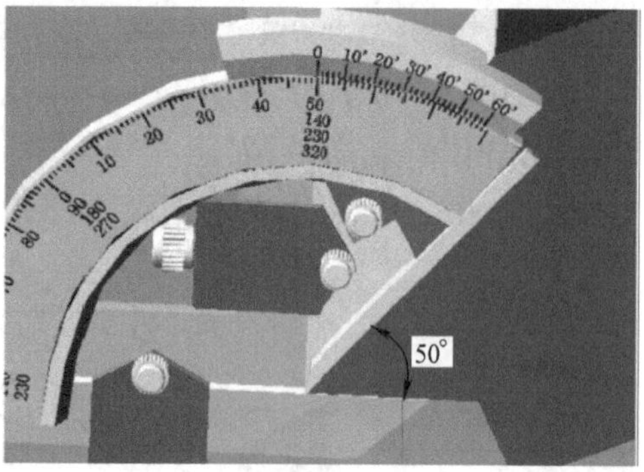

测量范围 0° ~ 50°

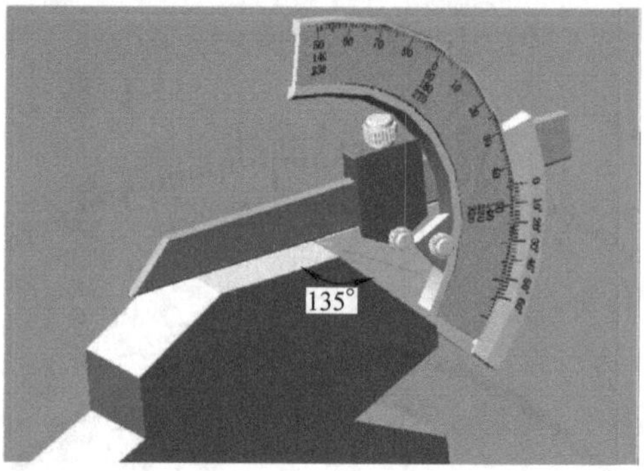

测量范围 50° ~ 140°

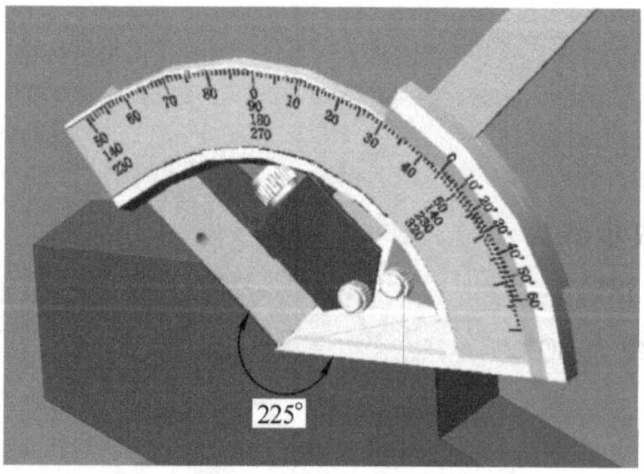

测量范围 140° ~ 230°

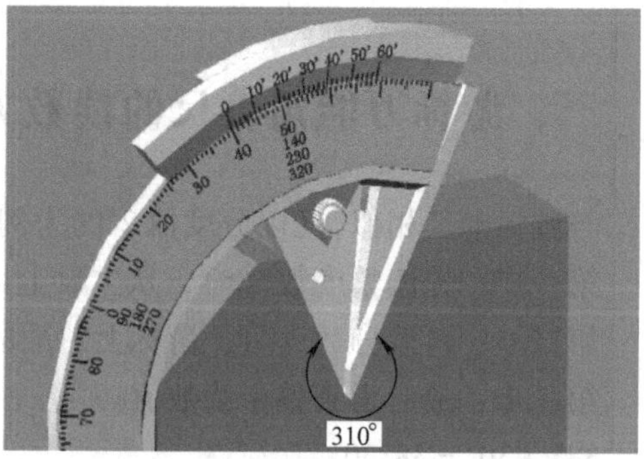

测量范围 230° ~ 320°

五、游标万能角度尺的使用方法

1. 角度放置法

将游标万能角度尺预调到被测角度

1）将基尺量面紧贴工件基准表面上。

2）再将基尺面垂直缓缓向下移动直至测量面靠拢被测工件表面（注意：不要碰撞）。

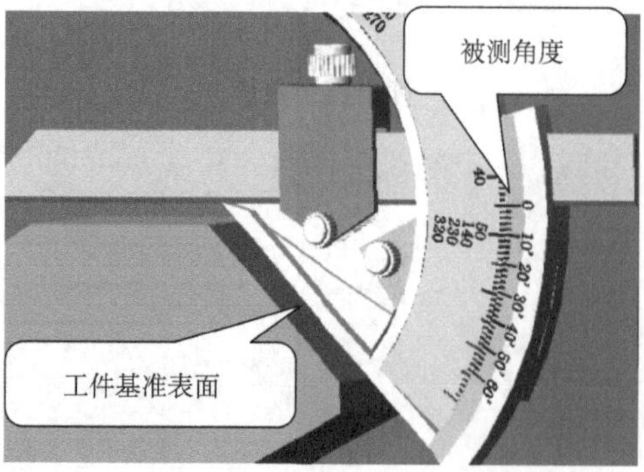

基尺量面紧贴工件基准表面上

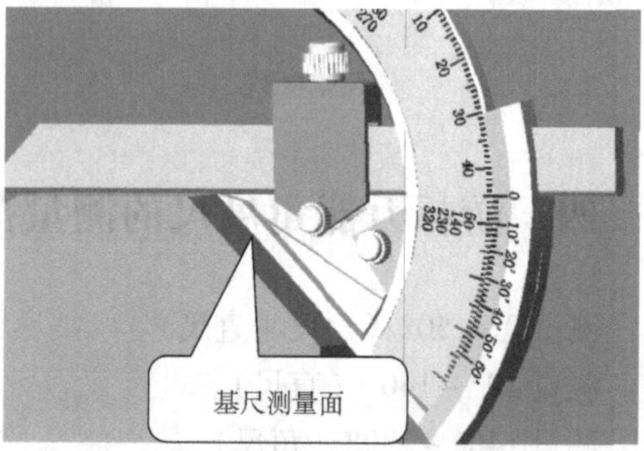

基尺量面紧贴工件基准表面上

3）根据测量面和被测工件表面之间透光间隙的大小，根据经验即可判断被测工件表面相对于辅助基准的角度误差值。

2. 直接测量法

将游标万能角度尺大致预调到被测角度

1）先将基尺测量面紧贴工件基准表面上。

观察透光间隙

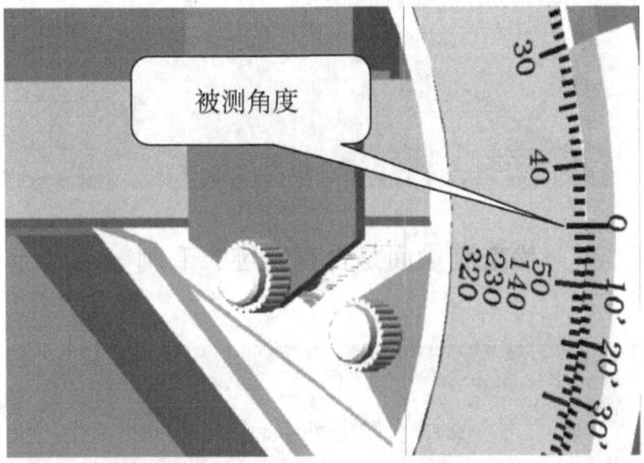

基尺测量面紧贴工件基准表面上

2）再将基尺面垂直缓缓向下移动直至靠拢被测工件表面（注意：不要碰撞）。

3）然后调节微动装置，使测量面与被测量面间透光间隙均匀后读出读数。

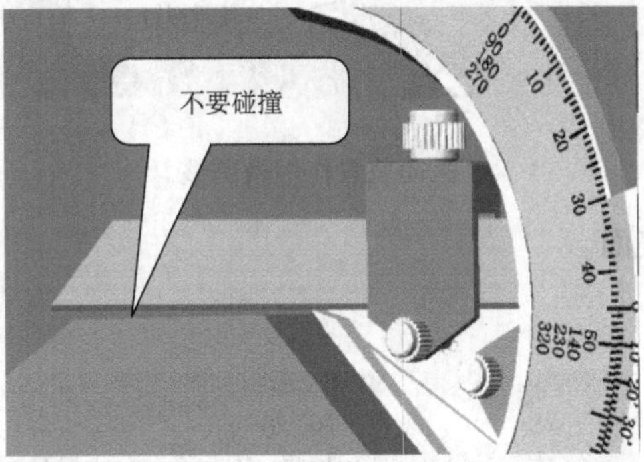

基尺面垂直缓缓向下移动直至靠拢被测工件表面

调节微动装置

六、使用游标万能角度尺时的注意事项

1. 测量前

1）擦净游标万能角度尺。

2）检查工件、测量面是否有锈迹、毛刺等。

3）检查游标的零线对准主尺的零线后，游标的零线是否对准主尺相应刻线。

2. 测量中

1）测量工件时，应先调整好角尺或直尺的位置，并用紧固螺钉紧固。

2）然后转动扇形板背面的微动装置作细微调整，直到测量面与被测表面紧密贴合为止。

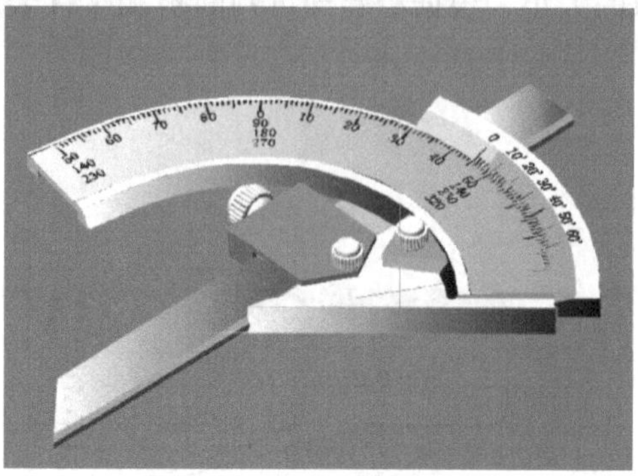

检查测量面是否有锈迹、毛刺等

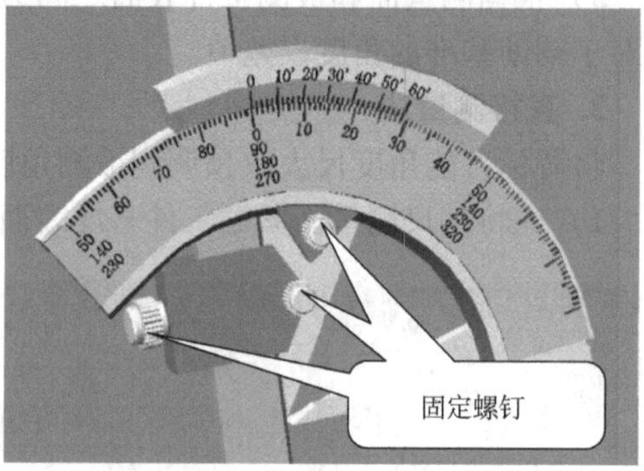

检查游标的零线与主尺的零线对准

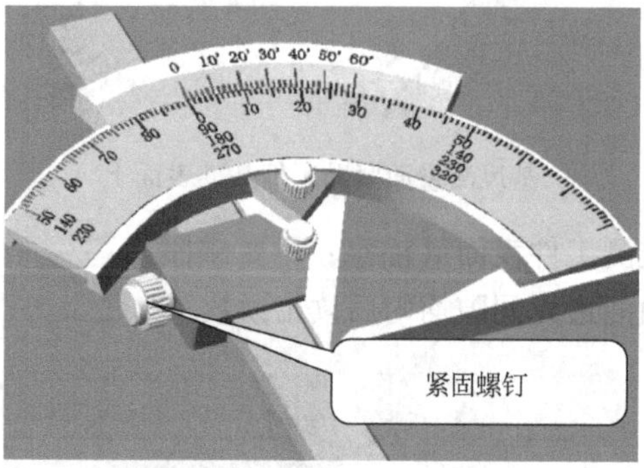

预调角尺或直尺的位置

微动装置作细微调整

3）基尺面垂直向下移动不要碰撞被测工件表面。

4）读数时，视线尽可能和尺上刻线面垂直。

基尺面不要与工件碰撞

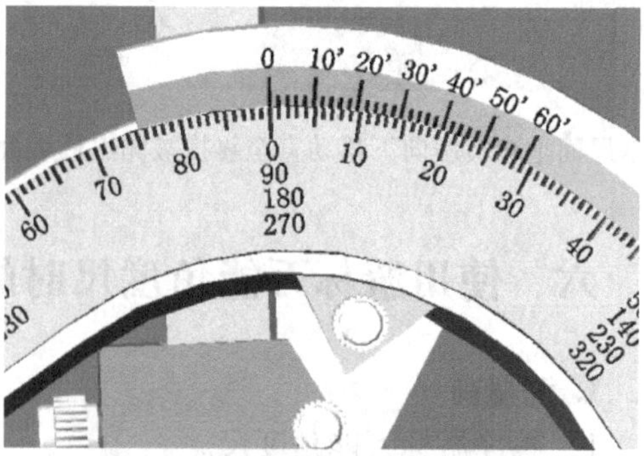

视线尽可能与尺上刻线面垂直

5）游标万能角度尺不能测量运动的工件。

6）游标万能角度尺不能与工件、刀具量具等堆放一起。

7）游标万能角度尺不能放置机床主轴箱及机床导轨上。

8）游标万能角度尺不能放置强磁场附近（如磨床的磁性工作台）。

游标万能角度尺不能测量运动的工件

游标万能角度尺不能与工件、刀具量具等堆放一起

游标万能角度尺不能放置机床主轴箱及机床导轨上

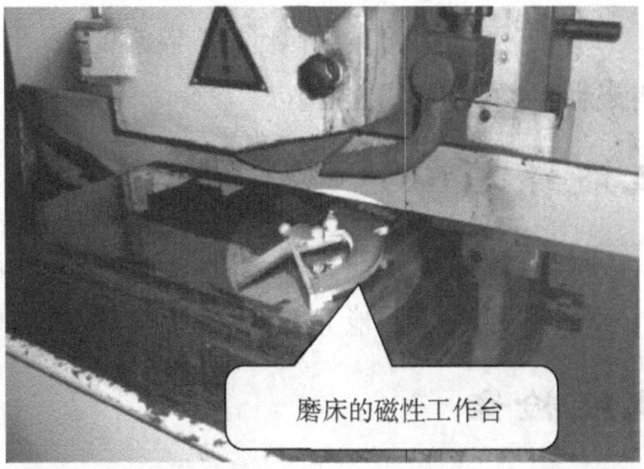

游标万能角度尺不能放置强磁场附近

3. 测量后

1）应将游标万能角度尺擦净放置在专用盒内。

2）长时间不使用时，应涂油保存，以防止生锈。

游标万能角度尺擦净涂油保存

课题小结

本课题主要介绍了角度计量器具中的游标万能角度尺。它的结构形状、读数原理、读数方法、使用方法及测量前后的注意事项。其中应掌握游标万能角度尺的读数原理、读数方法

和使用方法。通过本课题学习，可以了解游标万能角度尺结构、类型、用途等；需着重掌握应用游标万能角度尺对零件相邻表面角度误差的测量方法，及在测量过程中反复加强测量手势、手感上技能与技巧的训练。

思考与检查

1. 游标万能角度尺分度值为____、____和10′。
2. 游标万能角度尺识读方法是先读____再读____。
3. 使用前，除要擦净角度尺和工件外，还要检查游标万能角度尺测量面是否有____和____。
4. 游标万能角度尺不能在机床____时进行测量。
5. 游标万能角度尺使用中出现受压、跌落等情况必须立即送____部门检修。
6. 游标万能角度尺测量完毕后，松开各紧固件，取下____、____和卡块等。擦净、上防锈油，装入专用盒内。

技能练习

1. 掌握游标万能角度尺的刻线原理，示值误差为±0.02′。
2. 会用游标万能角度尺测量工件内、外角度等，测量误差为±0.02′。

技能检查

	完成情况 是	否
1. 安全测量，文明测量 …………………………	□	□
2. 掌握游标万能角度尺的测量姿势 …………………	□	□
3. 测量练习完成的质量 …………………………	□	□

游标万能角度尺练习检查评分表（见练习图样）　　（单位：mm）

项次	考核项目	考核要求	配分	检验与考核记录(3次)			扣分	得分
1	角度	50°±5′	19					
2		90°±2′	19					
3		135°±10′	19					
4		225°±15′	19					
5		310°	19					
6	安全、文明测量情况		5					

课题 8

量块与正弦规

学习目标

- 了解量块与正弦规用途及使用场合。
- 掌握量块与正弦规的工作原理、计算方法。
- 了解量块与正弦规的维护保养方法。

相关工件、图样、量具和辅助物

1. 练习图样。
2. 量具：量块组 38、46、83 件；正弦规 100mm 或 200mm；指示表 0~1mm。
3. 工具：磁性表座；实验平板。
4. 被测量工件：外锥莫氏 3 号轴、外锥莫氏 4 号轴、外锥莫氏 5 号轴。

测量零件

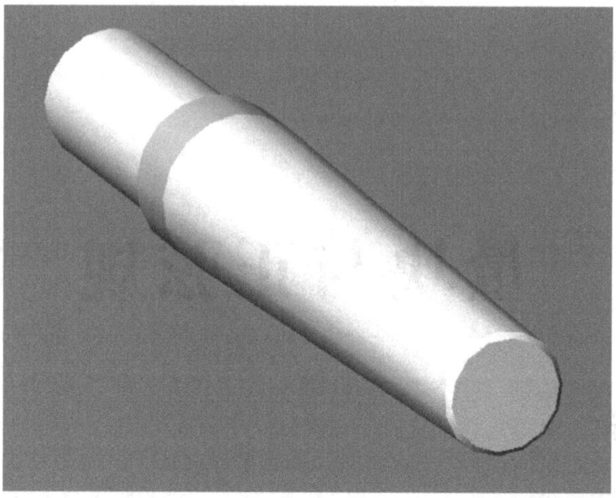

练习图样

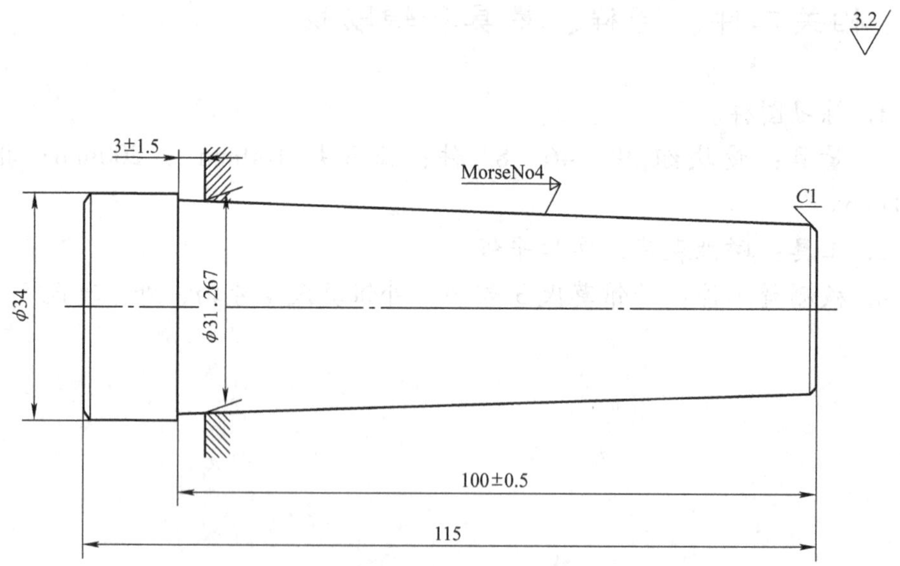

练习内容	材料	规格	工时/min
测量	45钢		180

量块

量块是机械制造业中长度尺寸的标准。成套量块常用有 38 块、46 块和 83 块等几种。

成套量块

一、量块的结构形状

量块是用不易变形的耐磨材料（如铬锰钢、陶瓷、硬质合金）制成的长方形六面体。它有两个工作面和四个非工作面，工作面是一对相互平行而且平面度误差及表面粗糙度 R_a 值极小的平面，又叫测量面。

量块形状

二、量块的用途

可以对量具和量仪进行检验校正，也可以用于精密划线和精密机床的调整，附件与量块并用时，可以测量某些精度要求高的工件尺寸。

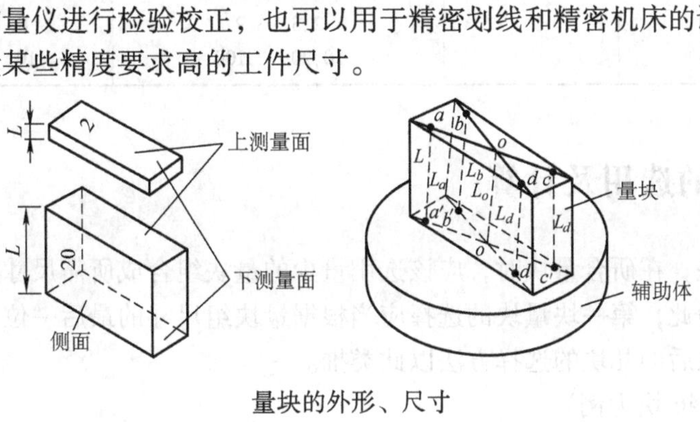

量块的外形、尺寸

三、量块的特性和应用

由于量块的测量面都是经过超精研制成的，使测量面十分光滑和平整，将一量块的测量面沿着另一量块的测量面滑动，同时用手稍加压力，两量块边能粘合在一起，量块的这种通过分子吸力的作用粘合的性能称为量块的研合性。它使量块可以组合使用，即将几个量块研合在一起组成需要的尺寸，因此量块是成套供应的。常用成套量块的标称尺寸见表 8-1。

表 8-1　常用成套量块尺寸表（摘自 GB/T 6093—2001）

套别	总块数	级别	尺寸系列/mm	间隔/mm	块数
1	91	0,1	0.5	—	1
			1	—	1
			1.001,1.002,…,1.009	0.001	9
			1.01,1.02,…1.49	0.01	49
			1.5,1.6,…1.9	0.1	5
			2.0,2.5,…9.5	0.5	16
			10,20,…100	10	10
2	83	0,1,2,	0.5	—	1
			1	—	1
			1.005	—	1
			1.01,1.02,…1.49	0.01	49
			1.5,1.6,…,1.9	0.1	5
			2.0,2.5,…,9.5	0.5	16
			10,20,…,100	10	10
3	46	0,1,2	1	—	1
			1.001,1.002,…,1.009	0.001	9
			1.01,1.02,…,1.09	0.01	9
			1.1,1.2,…,1.9	0.1	9
			2,3,…,9	1	8
			10,20,…,100	10	10
4	38	0,1,2	1	—	1
			1.005	—	1
			1.01,1.02,…,1.09	0.01	9
			1.1,1.2,…,1.09	0.1	9
			2,3,…,9	1	8
			10,20,…,100	10	10

四、量块的选用及计算

为了减少误差，在研合量块时，应该选用量少的量块组合成所需尺寸的量块，一般不得超过四至五块。为此，第一块量块的选择应当根据量块组尺寸的最后一位数或最后两位数字选取，第二块及以后的几块的选择方法以此类推。

(以成套量块 46 块为例)

量块的选用

例 1 用 46 块一套的量块组成 10.381mm 时，怎样选用量块？

解：量块组合如下

第一块 1.001
第二块 1.08
第三块 1.3
第四块 7
10.381

例 2 用 83 块一套量块组成 58.885mm 时，怎样选用量块？

解：量块组合如下

58.885
—) 1.005 ……第一块量块尺寸
57.88
—) 1.38 ……第二块量块尺寸
56.5
—) 6.5 ……第三块量块尺寸
50 ……第四块量块尺寸

五、量块的正确使用方法

1）量块的研合方法：一种是平行研合法，就是将量块端缘部分测量面接触后，推动一块量块的测量面沿平行方法滑行。

另一种是交叉研合法：就是将两块量块的测量面交叉成十字相互叠合，然后把一块量块转 90°再按上述平行研合法推进。这两种方法都可以很好地使两个测量面全部研合在一起。

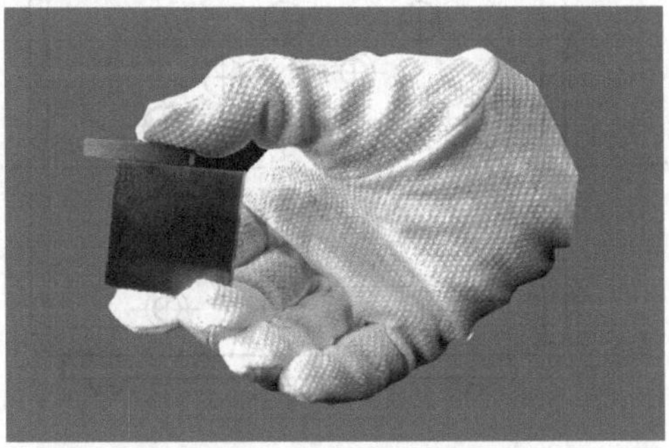
平行研合法

交叉研合法

2）可用多个量块组成量块组，而构成所需要的基准尺寸。

正弦规

正弦规由一个准确的钢质长方体和两个精密圆柱组成。

量块的组合

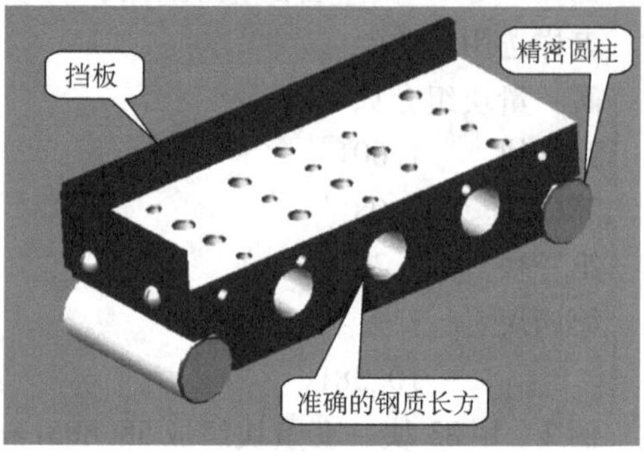

200mm 正弦规

六、正弦规的原理

正弦规是利用三角函数中正弦（sin）关系来计算测量角度的一种精密量具。

七、常用正弦规的类型和规格

（1）类型　分窄型和宽型。
（2）规格　有 100mm 和 200mm 两种。

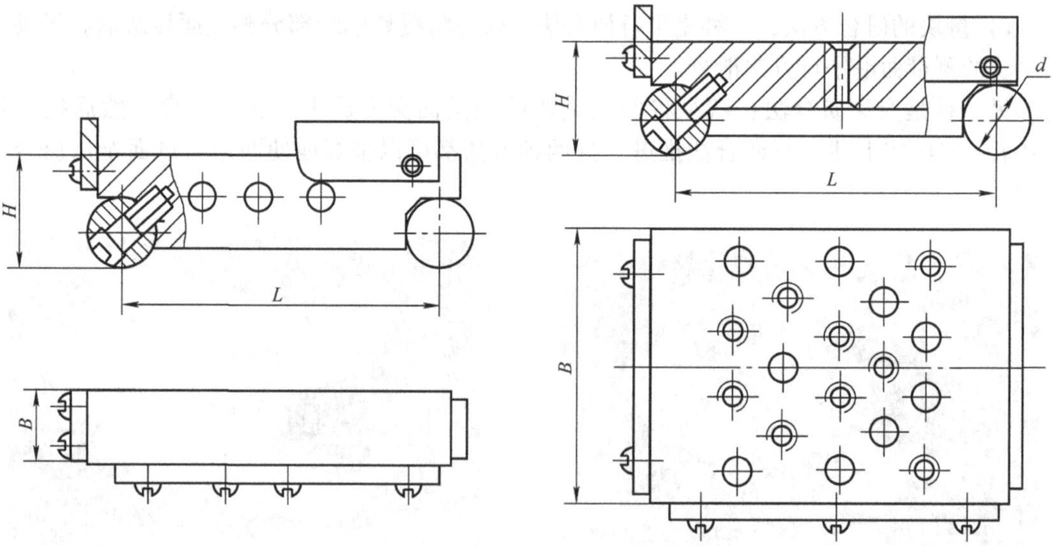

常用正弦规

为了方便起见，用正弦规测量常用圆锥时需垫进量块组的高度，可从表 8-2，表 8-3 中直接查出。量块高度可根据实际生产和实习情况需要不用高精度量块，如 5.20145。即为了方便可选用 83 块一组量块以 0 级进行规整，这样方便组合。

表 8-2 检验莫氏锥度量块组高度尺寸

莫氏锥度号数	锥度 C	量块组高度 H/mm	
		正弦规中心距 $L=100$mm	正弦规中心距 $L=200$mm
0	0.05205	5.20145	10.4029
1	0.04988	4.98489	9.9697
2	0.04995	4.98188	9.9837
3	0.05020	5.01644	10.0338
4	0.05194	5.19023	10.3806
5	0.05263	5.25901	10.5180
6	0.05214	5.21026	10.4205

表 8-3 检验标准锥度量块组高度尺寸

锥度 C	$\tan\alpha$	量块组高度 H/mm	
		正弦规中心距 $L=100$mm	正弦规中心距 $L=200$mm
1:200	0.005	0.5000	1.0000
1:100	0.010	1.0000	2.0000
1:50	0.0199	1.9998	3.9996
1:30	0.0333	3.3324	6.6648
1:20	0.0499	4.9969	9.9938
1:15	0.0665	6.6593	13.3185
1:12	0.0831	8.3189	16.6378
1:10	0.0997	9.9751	19.9501
1:8	0.1245	12.4514	24.9027
1:7	0.1421	14.2132	28.4264
1:5	0.1980	19.8020	39.6040
1:3	0.3243	32.4324	64.8649

窄型和宽型正弦规尺寸，见表 8-4。

表 8-4 窄型和宽型正弦规尺寸

形　式	L/mm	B/mm	d/mm	H/mm
窄型	100	25	20	30
	200	40	30	55
宽型	100	80	20	40
	200	80	30	55

注：此表数字源于 JB/T 7973—1999。

正弦规的精度等级分为 0 级和 1 级两种。正弦规的尺寸精度、形状和位置公差以及综合误差见表 8-5，各工作面的表面粗糙度 R_a 值为：主体工作面的 R_a 值不得大于 0.08μm，圆柱工作面的 R_a 值不得大于 0.04μm，前挡板和侧挡板的 R_a 值不得大于 1.25μm。

表8-5 正弦规的技术要求

序号	项目		L=100mm 0级	L=100mm 1级	L=200mm 0级	L=200mm 1级	备注
1	两圆柱中心距的极限偏差/μm	窄型	±1	±2	±1.5	±3	
		宽型	±2	±3	±2	±4	
2	两圆柱轴线的平行度公差/μm	窄型	1	1	1.5	2	全长上
		宽型	2	3	2	4	
3	主体工作面上各孔中心线间距离的极限偏差/μm	宽型	±150	±200	±150	±200	
4	同一正弦规的精密圆柱直径差/μm	窄型	1	1.5	1.5	2	
		宽型	1.5	3	2	3	
5	圆柱工作面的圆柱度公差/μm	窄型	1	1.5	1.5	2	
		宽型	1.5	2	1.5	2	
6	正弦规主体工作面平面度公差/μm		1	2	1.5	2	中凹
7	正弦规主体工作面与两圆柱下部素线公切面的平行度公差/μm		1	2	1.5	3	
8	侧挡板工作面与圆柱轴线的垂直度公差/μm		22	35	30	45	全长上
9	前挡板工作面与圆柱轴线的平行度公差/μm	窄型	5	10	10	10	全长上
		宽型	20	40	30	60	
10	正弦规装置成30°时的综合极限偏差/(″)	窄型	±5	±8	±5	±8	
		宽型	±8	±16	±8	±16	

注：1. 表中数值是温度为20℃时的数值。
2. 表中所列误差在工作面边缘1mm范围上不计。

例 使用中心距为200mm的正弦规，测量莫氏4号锥度塞规，求测量时应垫进量块组高度。

解：查表得4号莫氏锥度的圆锥角为2°58′30.4″。

则：$\sin\alpha = \sin 2°58'30.4'' = 0.051905$

代入公式：$H = L\sin\alpha = 200 \times \sin 2°58'30.4''$

$= 200\text{mm} \times 0.051905 = 10.381\text{mm}$

式中 L——正弦规两圆柱中心之间的距离（mm）；

H——应垫量块组高度（mm）。

八、正弦规的使用步骤

1）测量时，用真丝面料擦净正弦规，然后轻轻安放在精密平板上。

2）将工件轻轻放置在正弦规上。

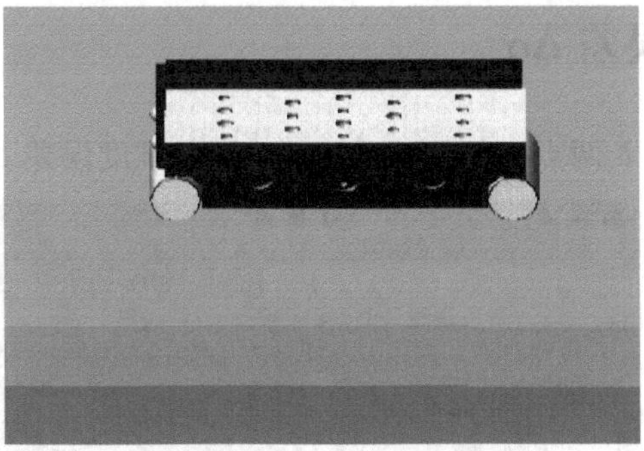

轻放置平板上

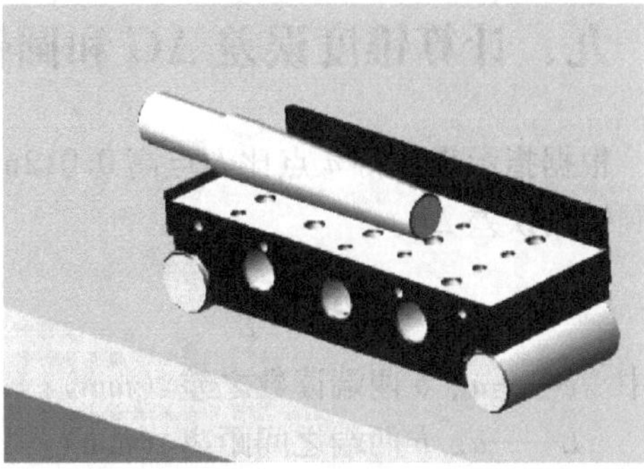

工件轻放置正弦规

3）在精密圆柱下垫入量块组（根据被测角度量块高度 10.381mm）。

4）然后用指示表检验工件圆锥体的大端 a 点高度（表头与工件垂直）指针最高点 0.312mm。

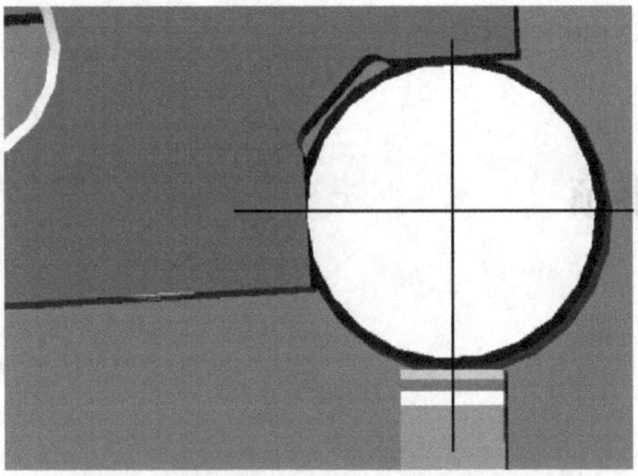

圆柱中心垫入量块组

测大端 a 点高度

5）然后测出圆锥体的小端 b 高度指针最高点 0.30mm。（方法同上）

a、b 两处读数不同，说明锥体的锥度有误差 ΔC。

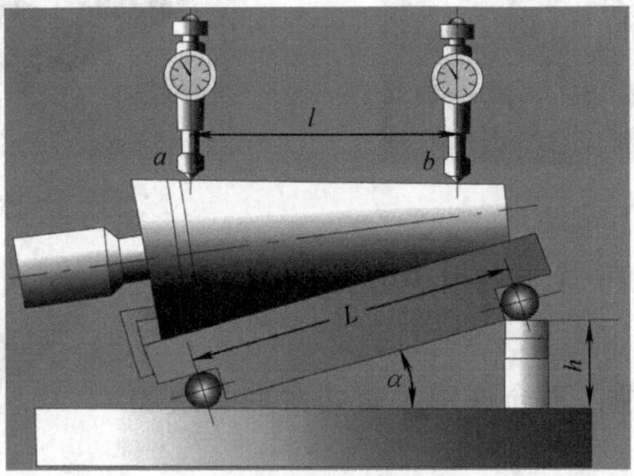

测小端 b 点高度

九、计算锥度误差 ΔC 和圆锥角误差 $\Delta\alpha$

根据指示表测得 a 点比 b 点高 0.012mm，a、b 两点之间距离为 80mm，求锥度误差 ΔC 和圆锥角误差 $\Delta\alpha$。

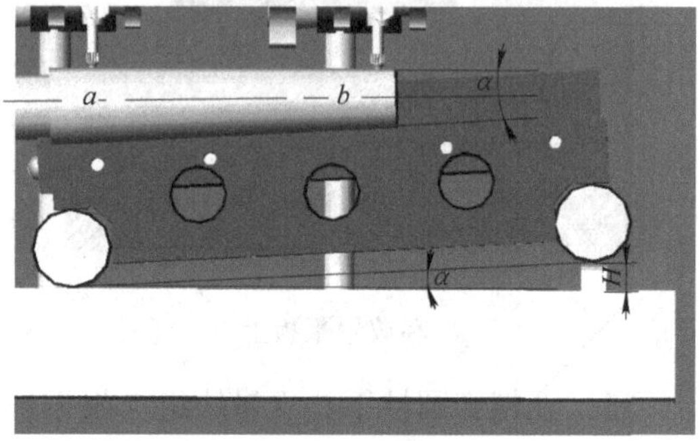

计算锥度误差和圆锥角误差

公式：$$\Delta C=\frac{e}{L}$$

式中 e——a、b 两端读数之差（mm）；

L——a、b 两端之间距离（mm）。

$$1\text{rad}=57.3°\times60\times60=206280=2\times10^5\ (″)$$

解：

锥度误差 $\Delta C=\frac{e}{L}=\frac{0.012\text{mm}}{80\text{mm}}=0.00015\text{rad}$

圆锥角误差

$$\Delta\alpha=\Delta C\times2\times10^5=0.00015\text{rad}\times2\times10^5=30″$$

十、使用量块与正弦规时的注意事项

1. 测量前

1）用真丝面料擦净量块。

2）用真丝面料擦净正弦规。

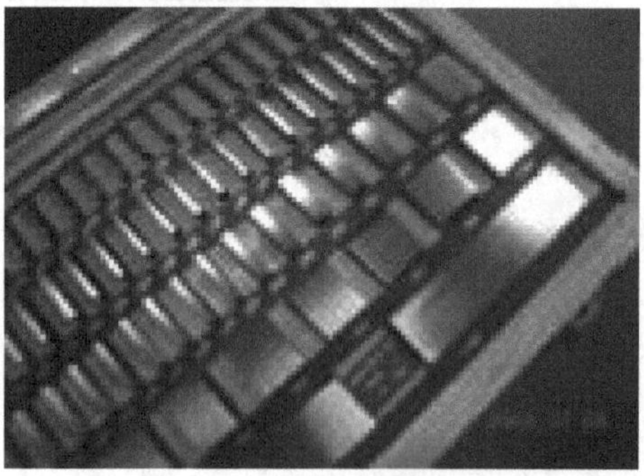
擦净量块

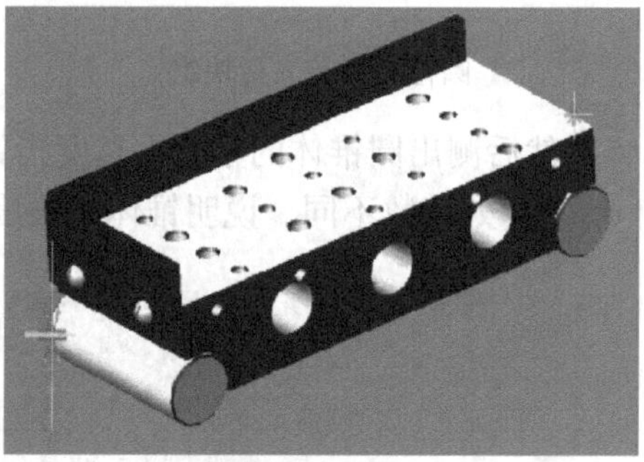
擦净正弦规

3）使用平板前应顺着一个方向擦净平板。

顺时擦净平板

2. 测量中

1）为了防止量块锈蚀，不允许用手直接拿取量块和对着量块吹气。

2）测量时注意两个轻放。

① 正弦规轻放置平板上。

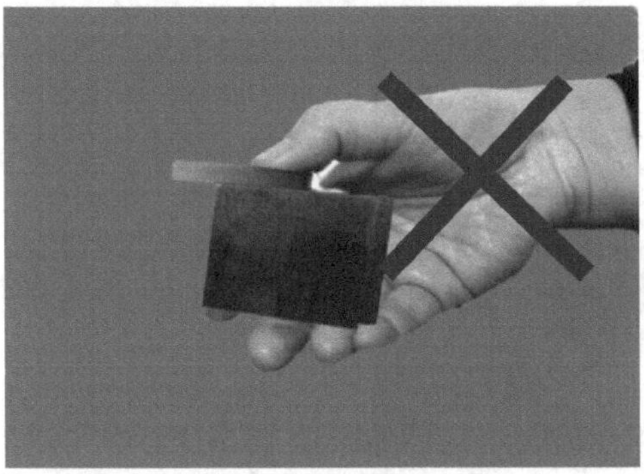

严禁用手拿量块

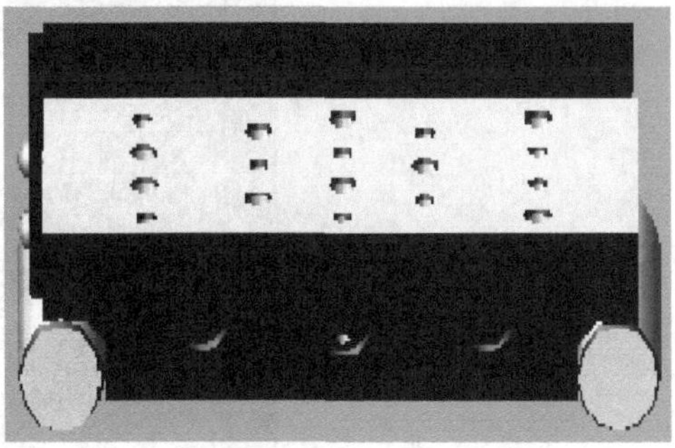

轻放平板

② 工件轻放在正弦规上。
（注意：工件中心线应于挡板平行）
3）量块应放置在精密圆柱中心。

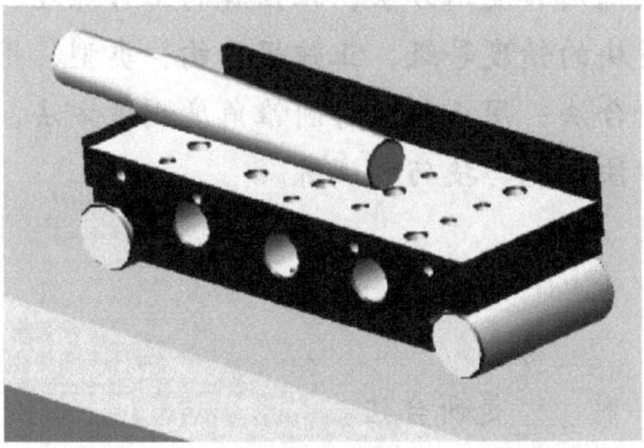

工件轻放在正弦规上

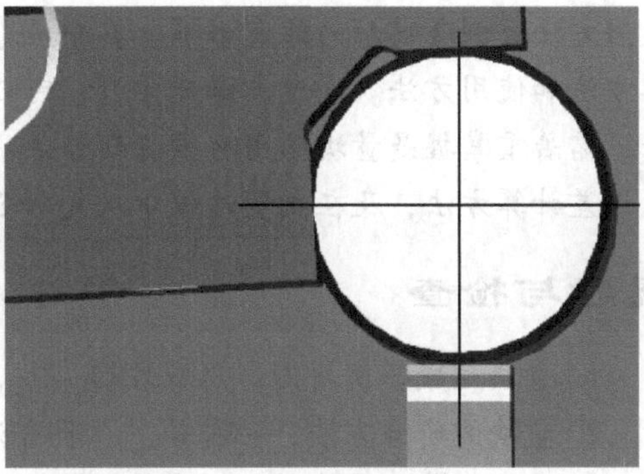

量块放置圆柱中心

4）指示表表头与工件垂直。
5）指示表头不可压入过深。

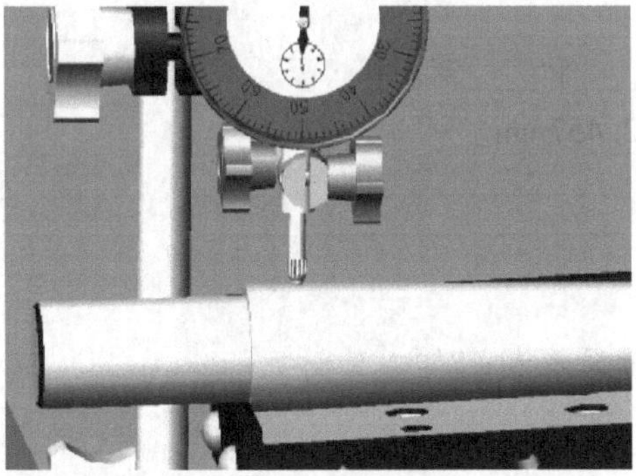

指示表头与工件垂直

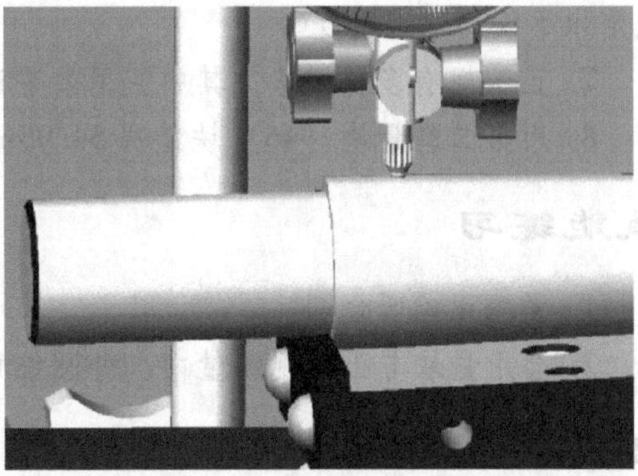

指示表头不可压入过深

3. 测量后

1）应将量块逐块推下擦净涂上防锈油放入专用盒内。
2）应将正弦规擦净涂上防锈油放入专用盒内。

擦净量块

课题小结

本课题主要介绍了计量器具中的量块与正弦规。它的结构形状、工作原理、计算方法、使用方法及测量前后的注意事项。其中应掌握量块选用和使用方法；正弦规的工作原理、计算方法和使用方法。通过本课题学习，可以了解量块的精度等级，正弦规结构、类型、用途等；需着重掌握是量块选用和平行研合法、交叉研合法；用正弦规对圆锥角度测量方法，角度误差计算方法，及在测量过程中反复加强测量方法技能与技巧的训练。

思考与检查

1. 量块是成套使用的。总数块有____、____、____等。
2. 量块的研合方法，一种是____研合法，另一种____是研合法。
3. 当按级使用量块时，两量块的实际尺寸即是各量块的基本尺寸____。
4. 为了防止量块锈蚀，不允许____直接拿取量块和对着量块____、____。
5. 正弦规是根据正弦函数原理，利用____测量角度的量具。
6. 用正弦规可以测量____、____锥度、样板的____、孔中心线与平面之间的____以及检定水平仪的水泡精度等
7. 正弦规有多种规格，其中使用最普遍的有____和____两种。
8. 用第二套量块（46）块组成 54.95mm 和 32.457mm。

技能练习

1. 量块正确研合。
2. 会用量块与正弦规测量内、外圆锥角，测量误差为 ±2′。

技能检查

	完成情况	
	是	否
1. 安全测量，文明测量 …………………………………………	□	□
2. 千分表的安装、使用 …………………………………………	□	□

3. 量块与正弦规的使用 …………………………………………………………… □　□

4. 测量完成的质量 ………………………………………………………………… □　□

量块与正弦规练习检查评分表（见练习图样）　　（单位：mm）

项次	考核项目	考核要求	计算 ΔC 和 $\Delta\alpha$	配分	检验与考核记录(3 次)			扣分	得分
1	莫氏锥度	3#	$\Delta C=$	32					
			$\Delta\alpha=$						
2		4#	$\Delta C=$	32					
			$\Delta\alpha=$						
3		5#	$\Delta C=$	32					
			$\Delta\alpha=$						
4	安全、文明测量情况			4					

课题 9

水 平 仪

学习目标

- 了解各水平仪用途。
- 掌握框式水平仪的工作原理及读数方法。
- 掌握框式水平仪的作图及计算方法。
- 学会用框式水平仪测量机床导轨垂直平面直线度误差。

相关工件、图样、量具和辅助物

1. 练习图样。
2. 量具：框式水平仪、条式水平仪。
3. 工具：检验桥板、金属直尺、平面垫铁、机床导轨。
4. 被测量工件

练习图样

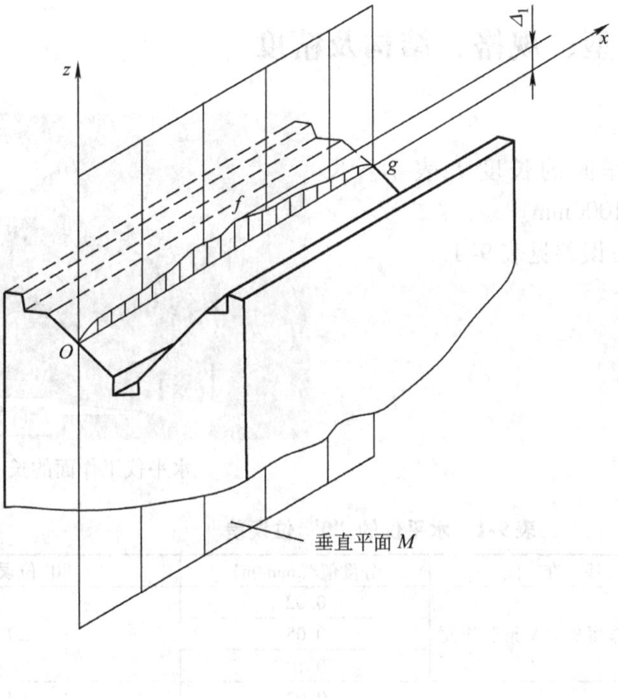

练习内容	材料	规格/mm	工时/min
测量		1500	260

水平仪是用来测量水平位置或垂直位置的微小角度偏差的角值量仪，在机械装配、修理、安装中用来：

1）校正基准件的安装水平。

2）测量各类机床或设备导轨、基准平面的直线度和平面度。

3）测量零部件相对位置的平行度和垂直度误差。

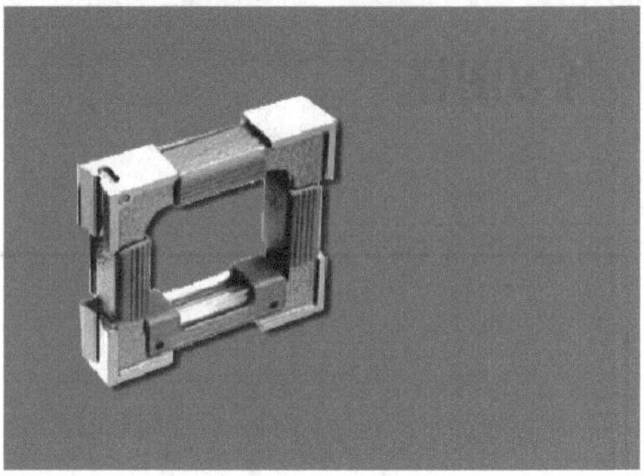
框式水平仪

一、水平仪的类型、规格、结构及精度

1. 框式水平仪

水平仪规格以底工作面的长度 L 表示。长250mm，分度值0.02mm/1000mm。

框式水平仪的“0”位误差见表9-1。

水平仪工作面的长度 L

表9-1 水平仪的“0”位误差

名称	基准面	分度值/(mm/m)	“0”位误差/格
框式水平仪	下工作面及下V形工作面	0.02	±1/4
		0.05	
		0.10	
	上工作面、侧工作面及侧V形工作面	0.02	±1/2
		0.05	±1/3
		0.10	±1/4

2. 条式水平仪

长200mm，分度值0.02mm/1000mm。

条式水平仪

二、框式水平仪的工作原理

框式水平仪利用水准器气泡偏移来测量。

由于重力的作用，不论水平仪放在什么位置，玻璃管内的液体均向低处流，气泡向高处升，所以，气泡永远停留在玻璃管内的最高处（水准器是一个装有液体的封闭的弧形玻璃管）。当气泡移动方向与水平仪移动方向一致为正，反之为负。

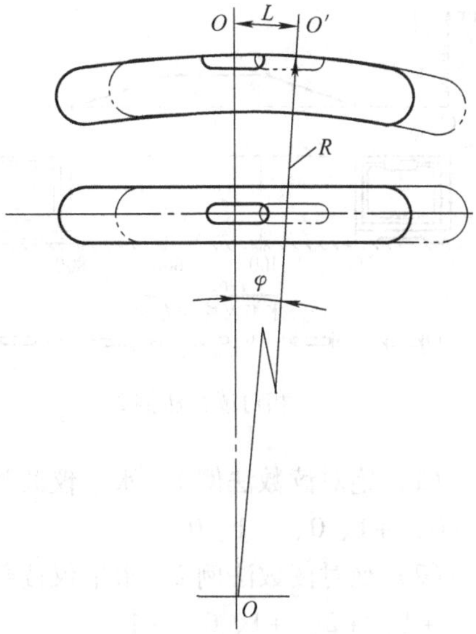

框式水平仪工作原理

三、框式水平仪的读数方法

1. 相对读数法

相对读数法安装水平校差时采用，将水平仪在起端测量位置总是读作零位，不管气泡位置是在中间或偏在一边。然后依次移动水平仪垫铁，记下每一位置的气泡与前一位置的移动变化方向和刻度的格数。

（1）相对读数法例 1　水平仪读数为：

-2、-1、-2、-3、-2

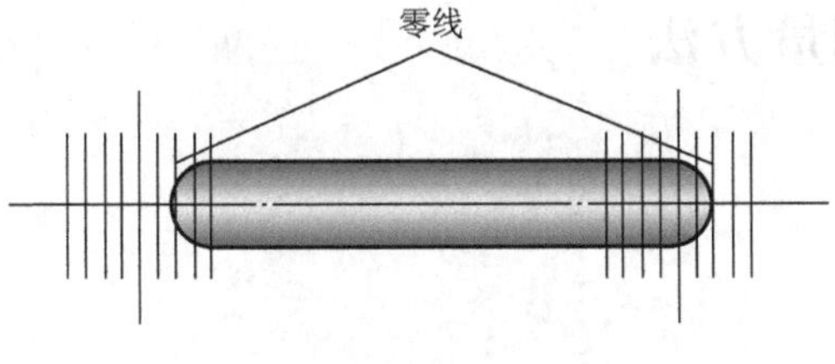

相对读数方法

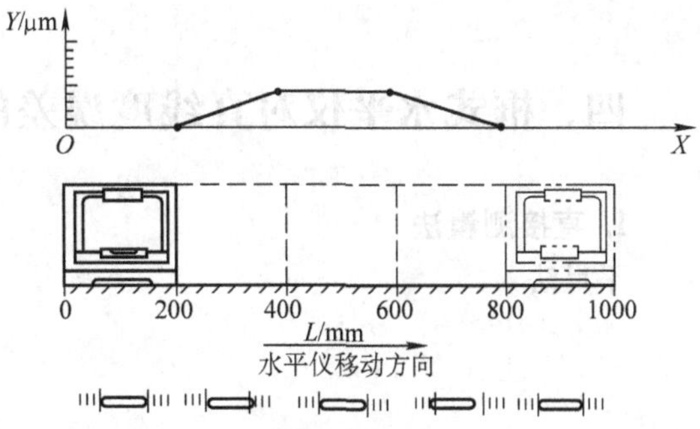

相对读数法例 1

（2）相对读数法例 2　水平仪读数为：

-1、-1、-1、-2、-1

2. 绝对读数法

绝对读数法是按水准器气泡的绝对位置读数。水平仪起端测量位置惟有气泡在中间时，才读作“0”，偏向起端时读“-”，偏离起端时读“+”，或用箭头表示气泡的偏移方向。

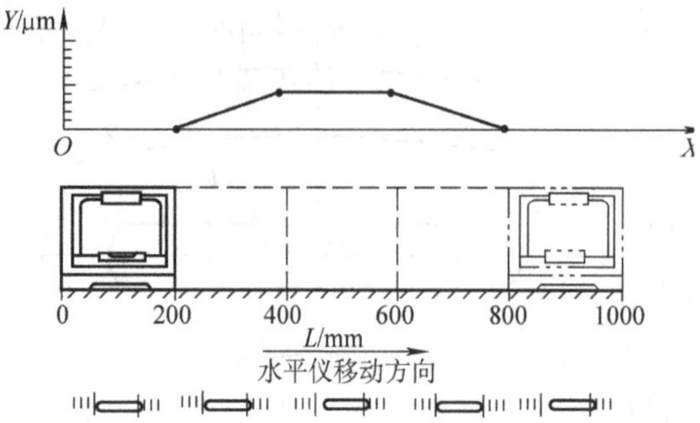

相对读数法例2

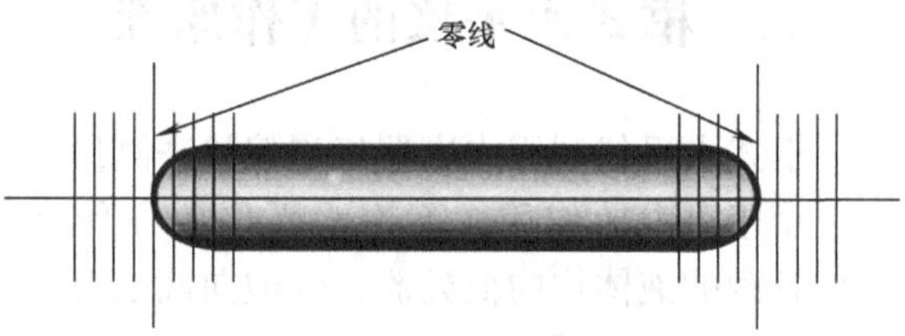

绝对读数法

（1）绝对读数法例1　水平仪读数为：

0、+1、0、-1、0

（2）绝对读数法例2　水平仪读数为：

+1、+2、+1、0、+1

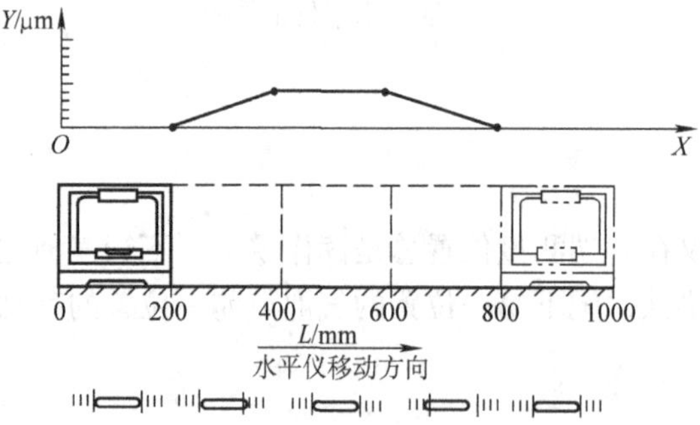

绝对读数法例1

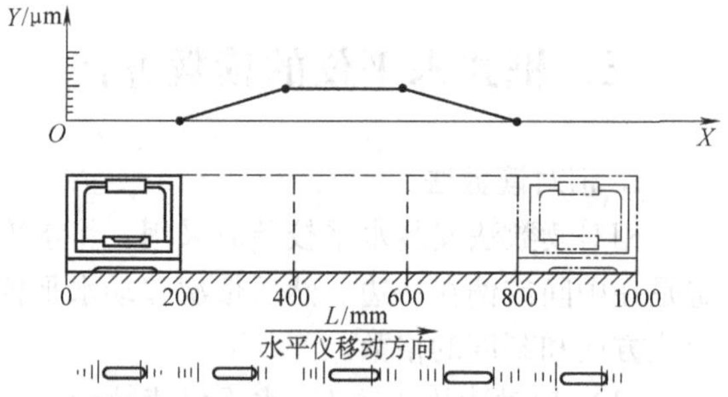

绝对读数法例2

四、框式水平仪对直线度误差的测量方法

1. 直接测量法

平尺法

平尺法

2. 间接测量法

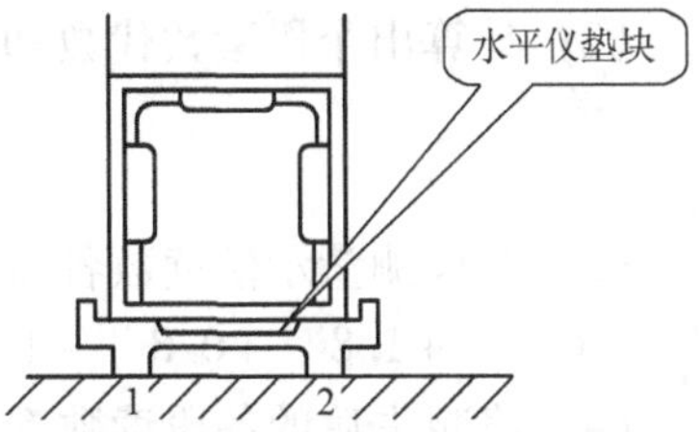

水平仪垫块长度为 200mm

例如测量长 1000mm 的导轨，用分度值为 0.02mm/1000mm 的框式水平仪测量导轨在垂直平面内直线度误差。

用水平仪的测量步骤：

1）清洁工作（量仪　垫块　被测工件）。

取水平仪垫块长度为 200mm。

2）将水平仪、垫块放置于被测表面（导轨）。

3）将被测导轨沿测量方向分成若干段（其长度与垫铁长度相适应）。

量仪放置在导轨上

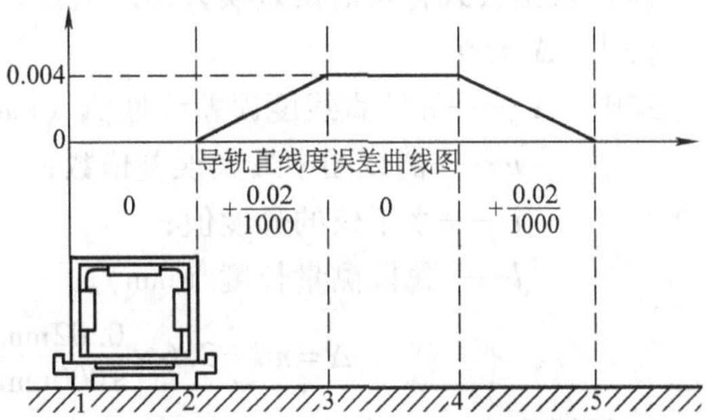

被测导轨分若干段

4）轻而平稳的移动底座，后一段的前支承要与前一段的后支承重合步步相连。

5）依次读出并记录各段的示值误差。

测量结果为：0、+2、+1、-1、-1

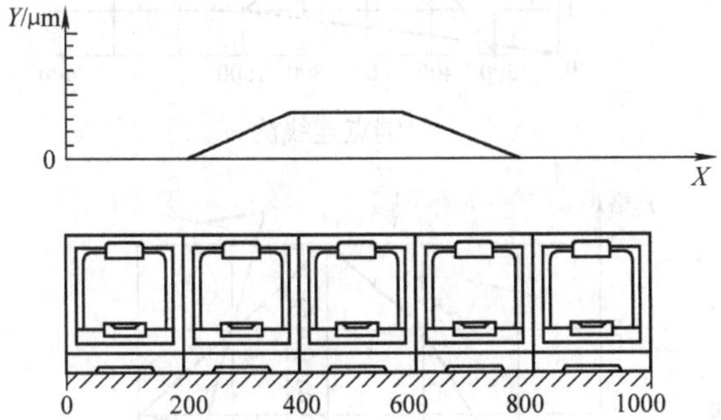

前支承与后支承重合步步相连

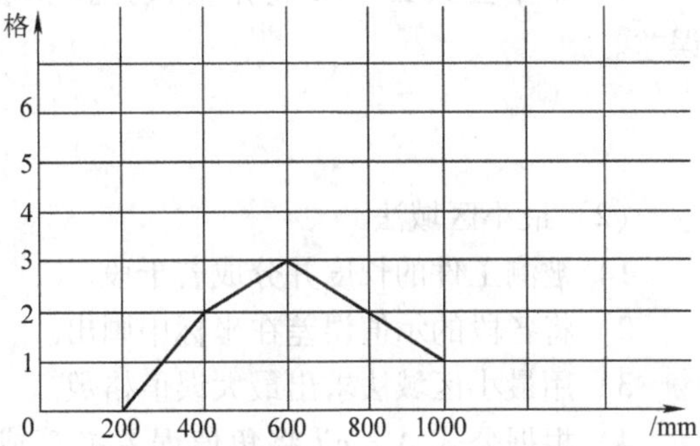

记录被测导轨若干段数值

6）用计算法和图解法进行分析将数值误差换算成线值误差。

五、直线度误差的计算方法

1. 计算法步骤

（1）记录分段测量示值读数

0、+2、+1、-1、-1

（2）计算出个段读数代数和的平均值

$$n=\frac{0+2+1-1-1}{5}=+0.2$$

（3）分段测量示值读数各减去平均值

-0.2　+1.8　+0.8　-1.2　-1.2

（4）将减去后的各段读数都换成各段测量坐标值

-0.2　+1.6　+2.4　+1.2　0

（5）求出导轨的最大格数误差

$N_{max}=|(+2.4)-(-0.2)|=2.6$格

（6）根据公式将角值误差换算出线值误差。

公式　$\Delta=nil$

式中　Δ——导轨直线度误差线性值（mm）；

n——曲线图中最大误差格数；

i——水平仪的分度值；

l——每段测量长度（mm）。

$$\Delta=nil=2.6\times\frac{0.02\text{mm}}{1000\text{mm}}\times200\text{mm}=0.0104\text{mm}$$

2. 图解法

（1）端点连线法

1）被测工件的长度等分成若干段。

2）将各段的示值误差在坐标中画出。

3）用端点连线法求出最大误值格数。

4）根据公式 $\Delta=nil$ 将角值误差换算成线值误差。

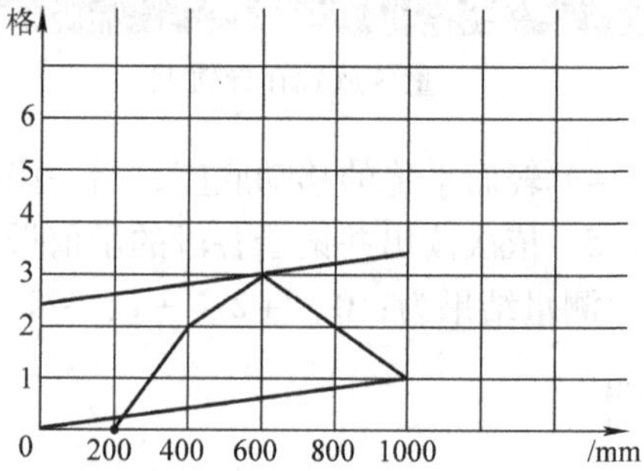

端点连线法

（2）最小区域法

1）被测工件的长度并分成若干段。

2）将各段的示值误差在坐标中画出。

3）用最小区域法求出最大误值格数。

4）根据公式 $\Delta=nil$ 将角值误差换算成线值误差。

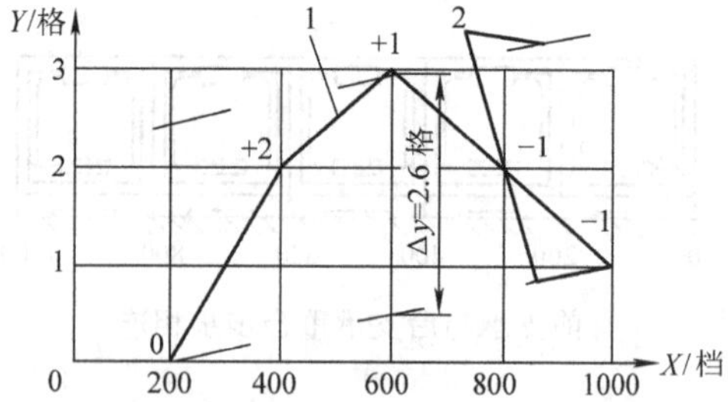

最小区域法

六、测量直线度误差时的注意事项

1. 测量前

1）被测导轨面大致调平（调节机床底座螺钉）。

2）确定合适桥板长度和测量点数。

桥板长度为 200mm。

测量点数为 5 点。

导轨大致调平

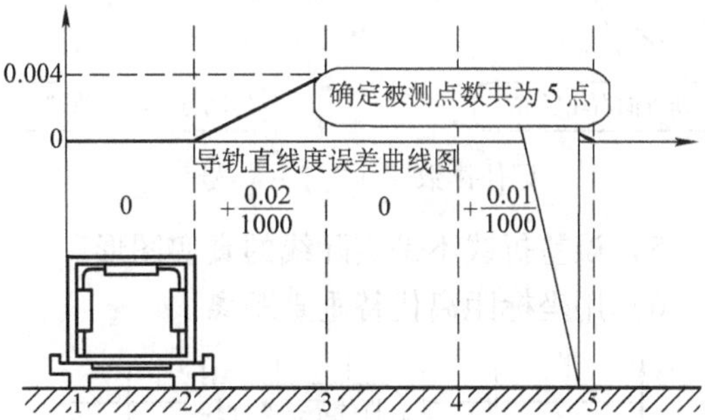

桥板点数

2. 测量中

1）注意桥板移动轨迹。

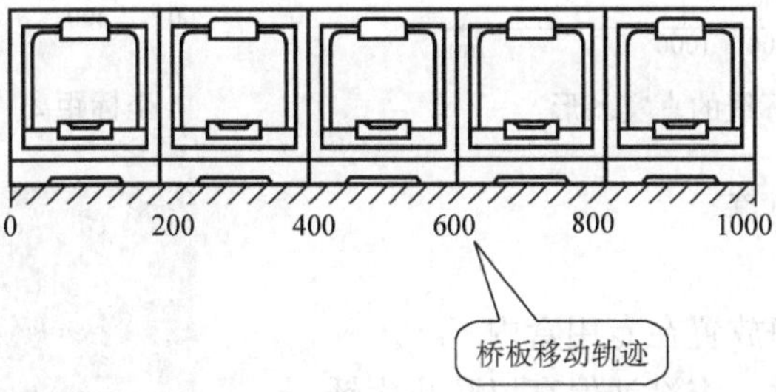

桥板移动轨迹

2）弄清仪器分度值和桥板跨距关系。

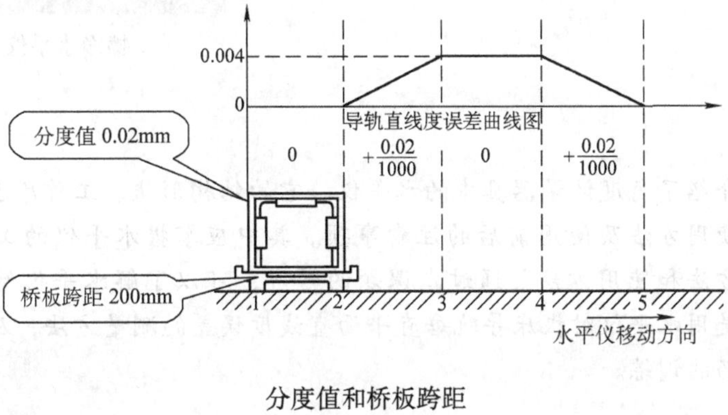

分度值和桥板跨距

3）记住仪器读数“+”“-”号。

4）起始点的读数“0”不能丢掉。

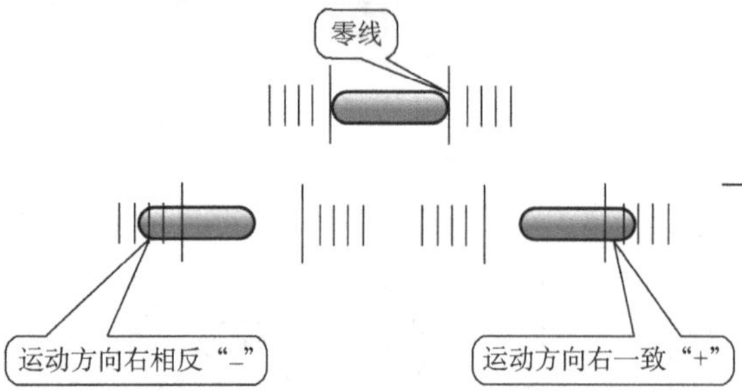

记住读数“+”“–”号

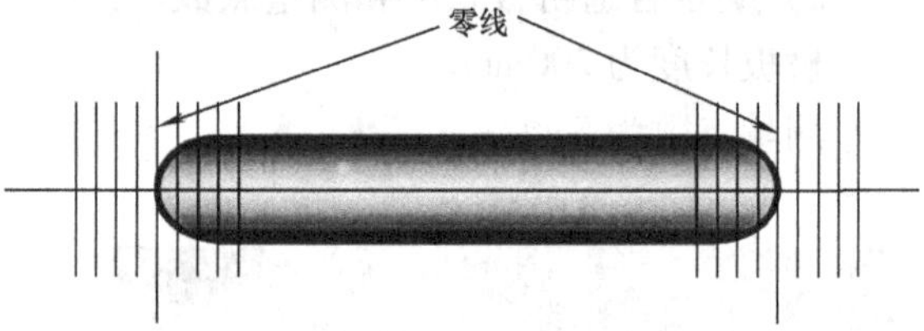

起始点的读数“0”

5）误差折线不是实际线的真实图形。

6）用坐标距离代替垂直距离。

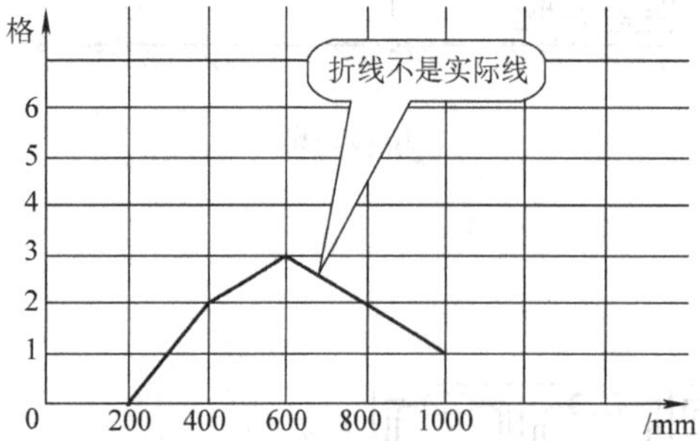

误差折线不是实际线的真实图形

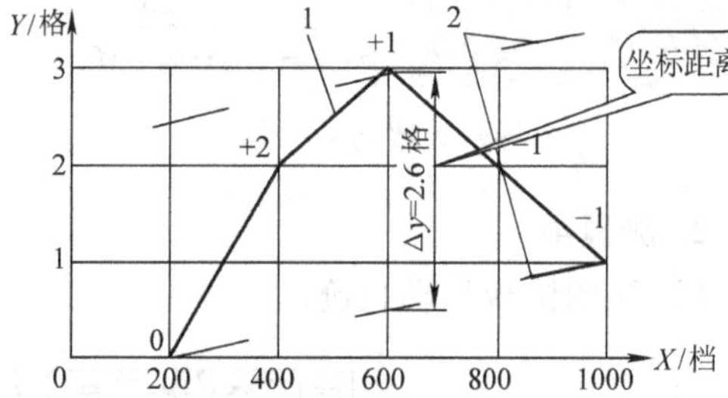

坐标距离代替垂直距离

7）注意测量单位换算。

3. 测量后

1）应将水平仪擦净放置在专用盒内。

2）长时间不使用时，应涂油保存以防止生锈。

擦净水平仪放入盒内

课题小结

本课题主要介绍了角度计量器具中的水平仪。它的结构形状、工作原理、读数方法、作图、计算方法、使用方法及使用前后的注意事项。其中应掌握水平仪的工作原理、读数方法、作图、计算方法和使用方法。通过本课题的学习，可以了解水平仪结构、类型、用途等；需着重掌握是用水平仪对机床导轨垂直平面直线度误差的测量方法，及在测量过程中反复加强技能与技巧的训练。

思考与检查

1. 水平仪一般用来测量对______位置或______位置的微小角度偏差。

2. 水平仪测量各种机床及其他类型设备导轨的______误差，以及零部件相对位置的______和______误差。

3. 水平仪的读数方法有______读数法和______读数法。

4. 在测量时，依次______水平仪垫铁，每次测量位置______衔接，这样才能绘出______曲线。

5. 水平仪测量后，有______作图法和______图解法。

6. 两平行线之间沿纵轴方向的______坐标值即为______误差。

技能练习

1. 掌握框式水平仪计算作图，要求方法正确。

2. 会用框式水平仪测量直线度误差，测量误差为 ±0.01mm。

技能检查

完成情况

是 否

1. 安全测量，文明测量 …………………………………… □ □
2. 掌握框式水平仪的识读方法及计算作图方法 ……………… □ □
3. 掌握框式水平仪的操作方法 ……………………………… □ □
4. 测量完成的质量 ………………………………………… □ □

框式水平仪导轨直线度练习计算检查评分表（见练习图样）　（单位：mm）

项次	考核项目	考核要求	配分	0～200	200～400	400～600	600～800	800～1000	扣分	得分
1	测量位置/mm	由后向前读数/μm	5×5							
2		由前向后读数/μm	5×5							
3		平均值/μm	1×5							
4		简化读数减去一个任意数(起点数)	5×4							
5		各点迭加数(原点为零)	5×4							
6	安全、文明测量情况		5							

课题 10

光学平直度测量仪

学习目标

- 了解光学平直度测量仪用途、结构。
- 掌握光学平直度测量仪的工作原理及读数方法。
- 掌握光学平直度测量仪的作图、计算方法。
- 学会用光学平直度测量仪测量导轨垂直平面直线度误差。

相关工件、图样、量具和辅助物

1. 练习图样。
2. 量具：光学平直度测量仪、升降可调支架、垫板。
3. 工具：活络扳手、平板。
4. 被测量工件。

练习图样

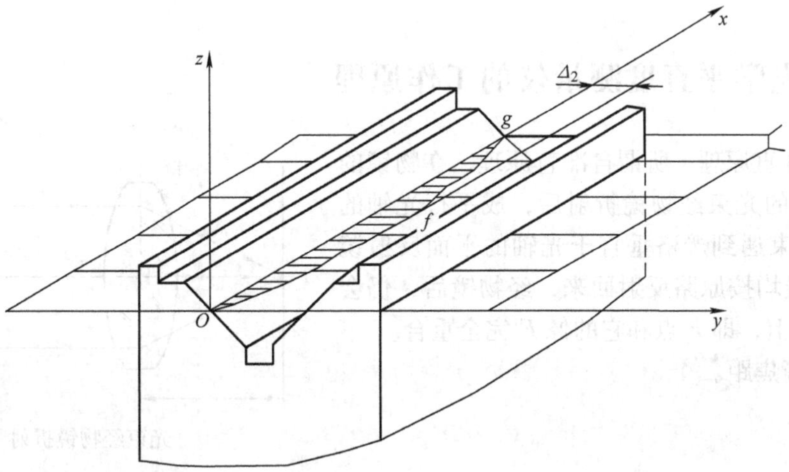

练习内容	材料	规格/mm	工时 /min
测量		2500	180

光学平直度测量仪在机床制造和修理中，是用来检查床身导轨在水平面内和垂直内的直线度误差，并可检查检验用平板的平面度误差。

常用规格：5m、10m。

分度值：0.005mm/1000mm

测量范围：±0.5mm

光学平直度测量仪

一、光学平直度测量仪的工作原理

1）自准直原理：所谓自准直原理，在物镜的焦点 F 发出的光束经物镜折射后，成平行光轴的光束。当光束遇到严格垂直于光轴的平面反射镜 PP 后，光线均按原路反射回来，经物镜后，仍会聚在焦点 F 上，即 F 点和它的像 F' 完全重合。

f 为物镜焦距。

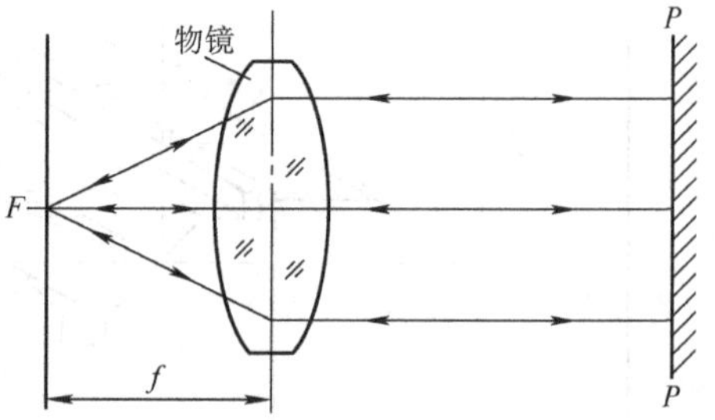

光束经物镜折射

2）若平面反射镜在子午面内对光轴偏转 α 角，根据反射定律，设平面反射镜反射的光束偏转 2α 角。这时自准仪相对于物点在焦平面内产生了偏移，偏移量大小为

$$BF = f\tan 2\alpha$$

3）在物镜焦平面内任一点 E 发出的光束，经物镜后成为与光轴成 ω 角的平行光速，ω 角是 E 点和物镜主点的连续与光轴的夹角。当遇到严格垂直于光轴的平面反射镜 PP 后，根据反射定律，光线以反射角 ω 返回，经物镜后会聚在焦平面上的 E' 点，E' 点就是 E 点的像，对光轴互相对称。设物镜焦距为 f

则：$E'F = EF = f\tan\omega$

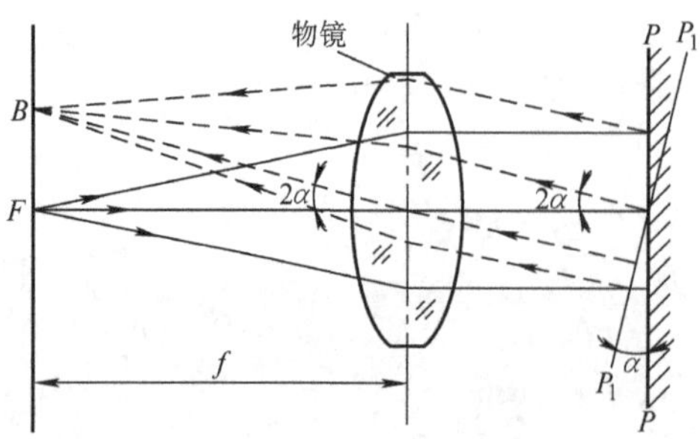

反射镜在子午面内对光轴偏转

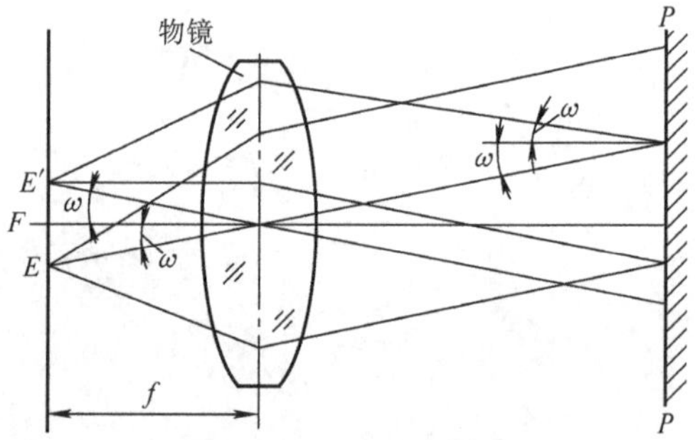

物镜主点的与光轴的夹角

二、光学平直度测量仪的光学系统图

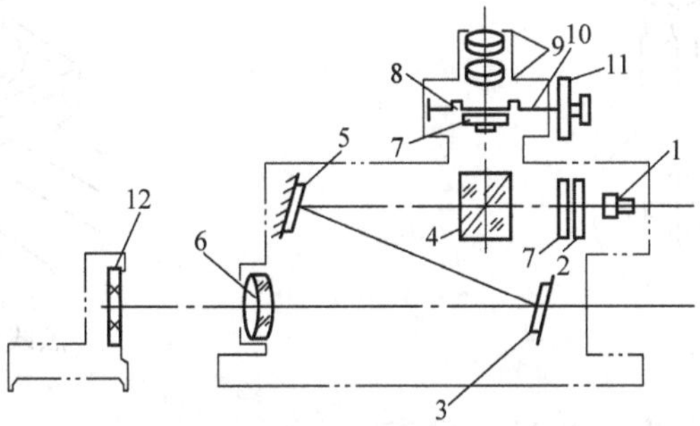

光学平直度测量仪系统图

1—光源　2—绿色滤光片　3—十字指示分划板

4—立方棱镜　5—反射镜　6—物镜　7—固定分划板

8—可动分划板　9—目镜　10—测微螺杆

11—测微鼓轮　12—平面反射镜

三、光学平直度测量仪的读数方法

1）将反光镜放在导轨一端的 V 形垫块上，在导轨另一端外也放一个升降可调支架，支架上固定着光学平直仪本体。

2）移动反光镜垫板，使其接近光学平直仪本体。左右摆动反光镜，同时观察目镜，直至反射回来的亮“十字像”位于视场中心为止。(建立基准光轴)

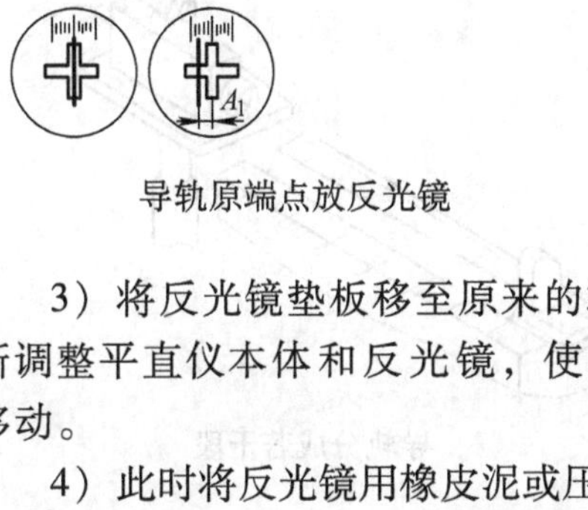

导轨原端点放反光镜

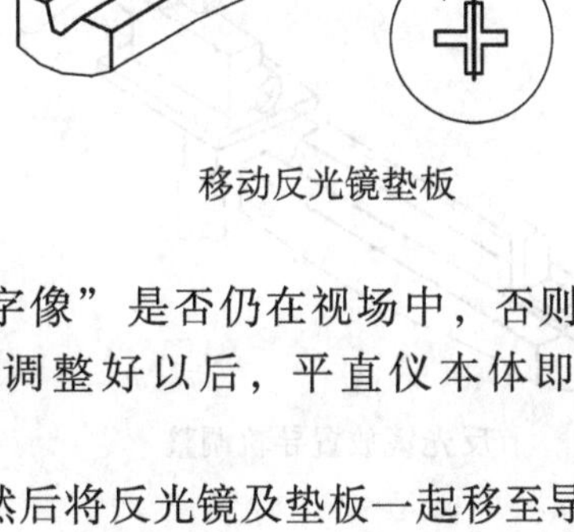

移动反光镜垫板

3）将反光镜垫板移至原来的端点，在观察“十字像”是否仍在视场中，否则需重新调整平直仪本体和反光镜，使其达到上述要求。调整好以后，平直仪本体即不许移动。

4）此时将反光镜用橡皮泥或压板固定在垫铁上，然后将反光镜及垫板一起移至导轨的起始测量位置。转动手轮，使目镜中指示的黑线在亮“十字像”中间，记录下微动手轮刻度上的读数值。

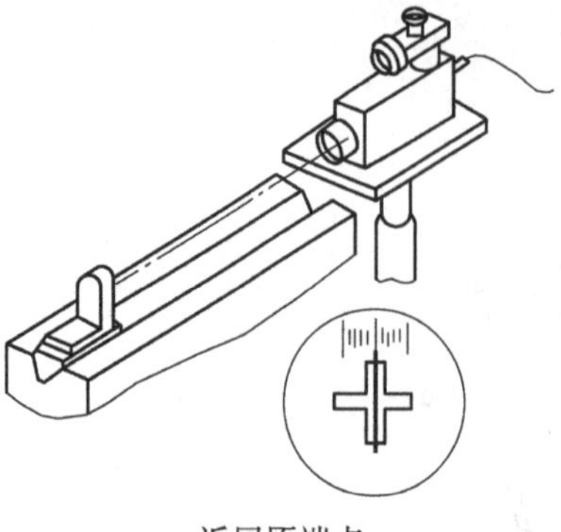

返回原端点

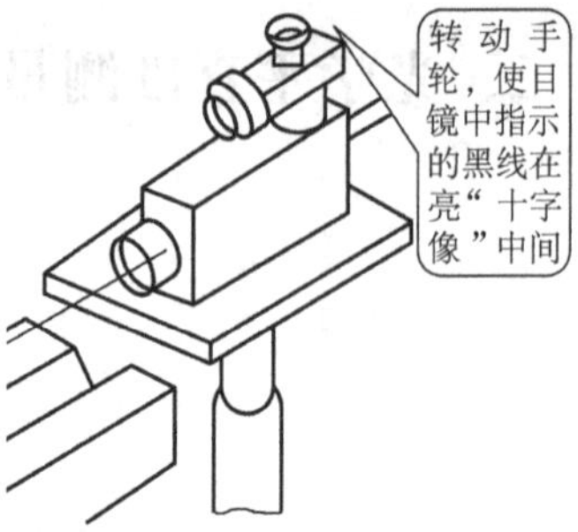

黑线在亮“十字像”中间

5）之后每隔离一定长度（200mm 或 250mm）移动反光镜一次，记下读数，直至测完导轨全长。根据记下的数值，便可采用作图或计算的方法求出导轨的直线度误差。

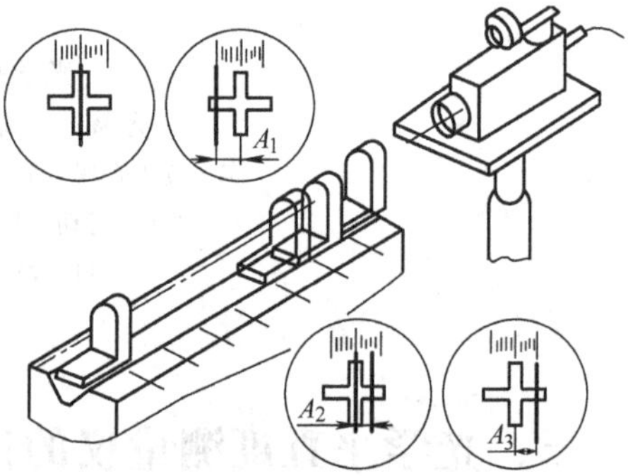

隔离一定长度记下数值

四、光学平直度测量仪对直线度误差的测量方法

1. V 形导轨垂直平面内的直线度误差

例如长 2000mm 的导轨，用分度值为 0.005mm/m 的光学平直度测量仪和测量桥板 B = 250mm，测量导轨在垂直平面内直线度误差。

步骤：1）清洁工作（量仪 垫块 被测工件）。

2）将反光镜、垫块、置于被测工件表面（导轨）。

3）将被测工件导轨沿测量方向分成若干段。

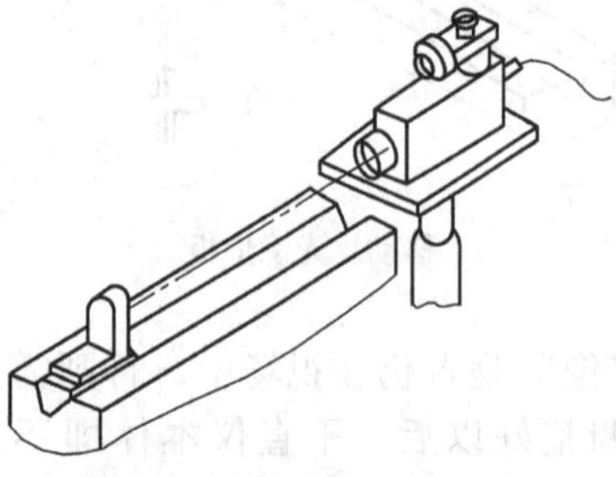

反光镜放置导轨调整

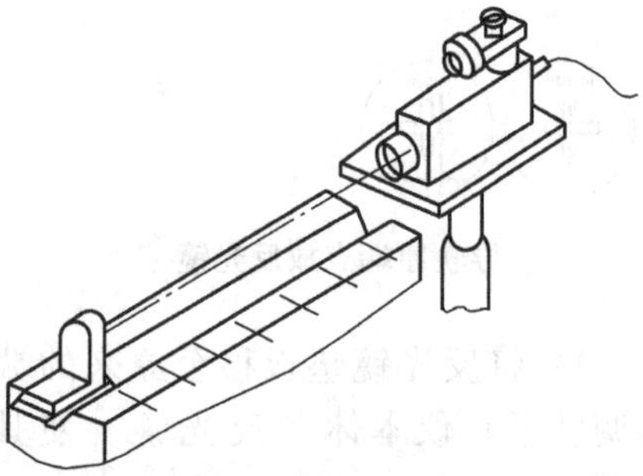

导轨分成若干段

4）轻而平稳的移动底座 后一段的前支承要与前一段的后支承重合，步步相连。

5）依次读出并记录各段的示值误差。

测量结果为 14、16、18、22、18、16、22、26

（用图解法和计算法进行分析将数值误差换算成线值误差）。

2. V 形导轨在水平平面内的直线度误差

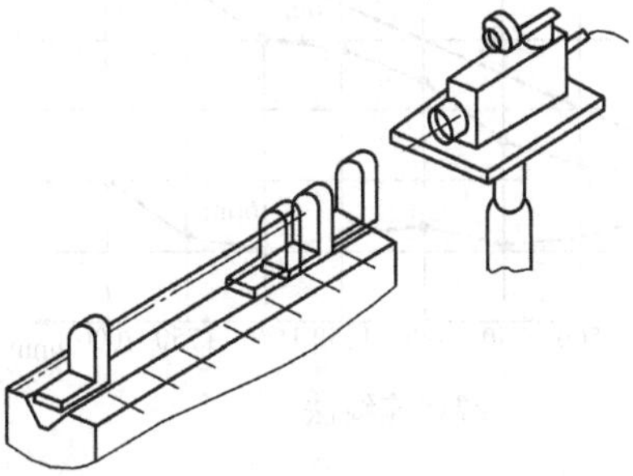

移动底座

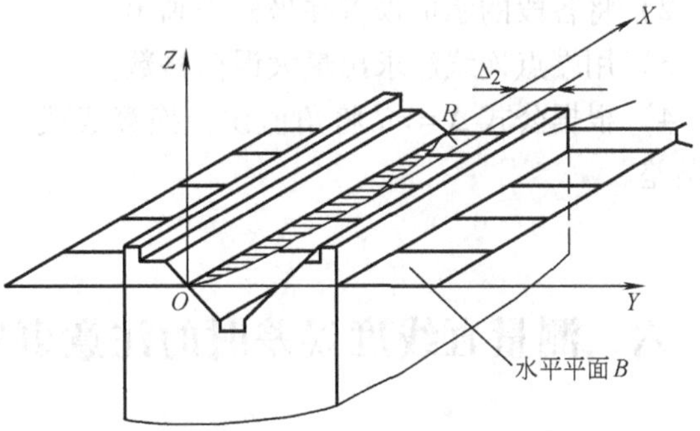

水平平面内的直线度误差

测量方法：只需将平直度测量仪目镜座的定位紧定螺钉松开，使目镜座顺时针方向转 90°，使测微手轮与物镜射出的光线垂直即可进行测量。导轨在水平平面内的直线度测量方法与导轨在垂直平面内的直线度误差的测量方法相同。

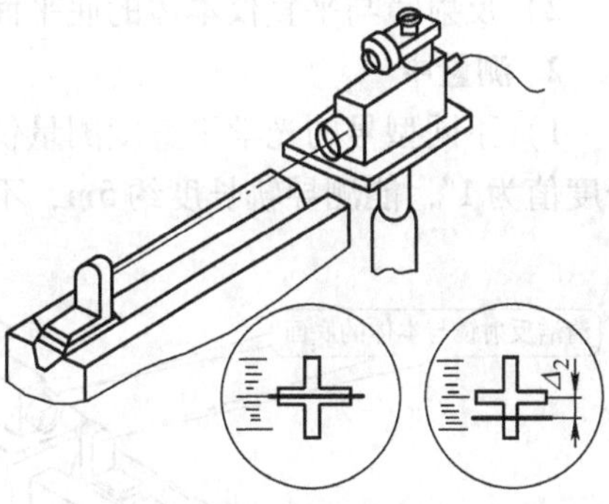

目镜座顺时针方向转 90°

五、直线度误差的计算方法

1. 计算法步骤（反射镜垫铁长为 250mm）

（1）简化原始读数

0、+2、+4、+8、+4、+2、+8、+12

（2）计算各段简化读数的平均值

$$n=\frac{0+2+4+8+4+2+8+12}{8}=5$$

（3）各段简化读数减去平均值

−5、−3、−1、+3、−1、−3、+3、+7

（4）将减去后的各段读数都换成各段测量坐标值

−5、−8、−9、−6、−7、−10、−7、0

（5）求出导轨的最大格数误差

$$N_{max}=|(0)-(-10)|=10 \text{ 格}$$

（6）根据公式将角值误差换算出线值误差

$$\Delta = nil = 10 \times \frac{0.005\text{mm}}{1000\text{mm}} \times 250\text{mm} = 0.0125\text{mm}$$

2. 图解法（端点连线法）

1）被测工件的长度并分成若干段。

2）将各段的示值误差在坐标中画出。

3）用端点连线法求出最大误值格数。

4）根据公式 $\Delta = nil$ 将角值误差换算成线值误差。

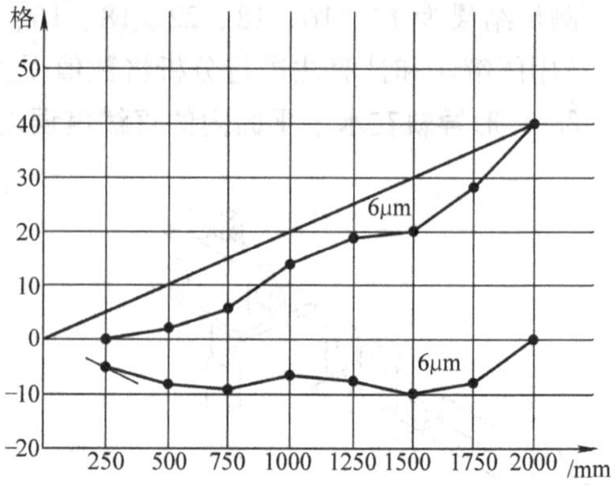

端点连线法

六、测量直线度误差时的注意事项

1. 测量前

1）被测导轨面大致调平（调节机床底座螺钉）。

2）反射镜与平直仪本体的底平面应清洁干净。

2. 测量中

1）不同型号的光学平直度测量仪的技术规格是不同的。HYQ03 型光学平直度测量仪的分度值为 1″，能测导轨长度约 5m，不要超过测量范围。

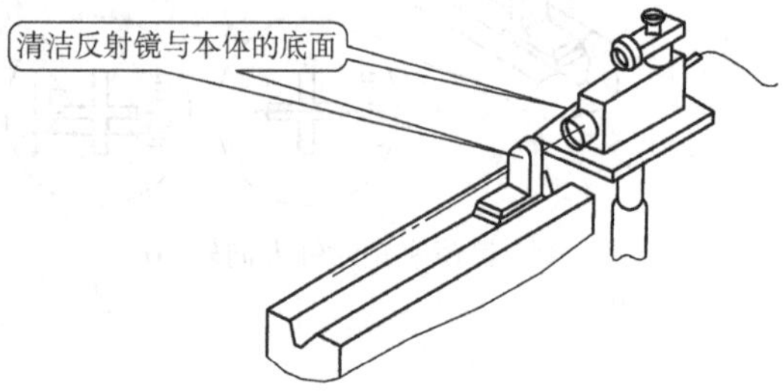

反射镜与本体的底面清洗干净

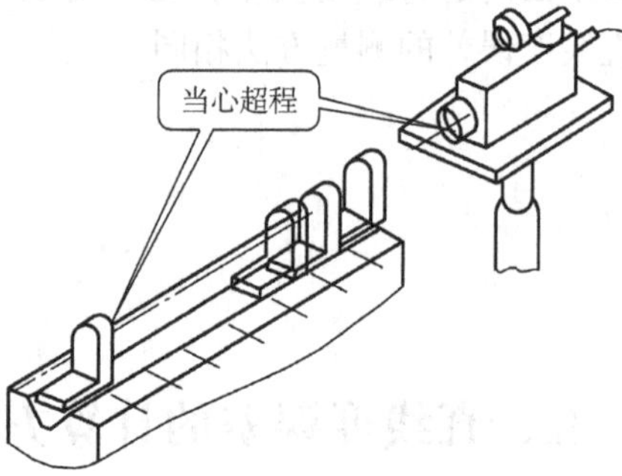

当心超程

2）弄清仪器分度值和测量桥板跨距的关系。

分度值：0.005mm

测量桥板跨距：250mm

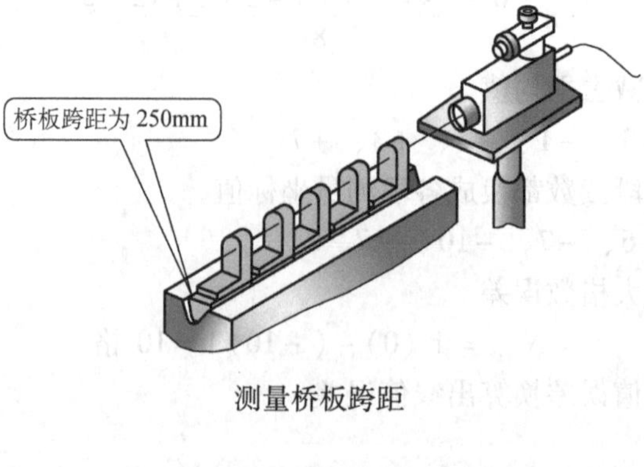

测量桥板跨距

3）记住仪器读数“＋”“－”号。

4）物镜与平面镜间应保证光线畅通。

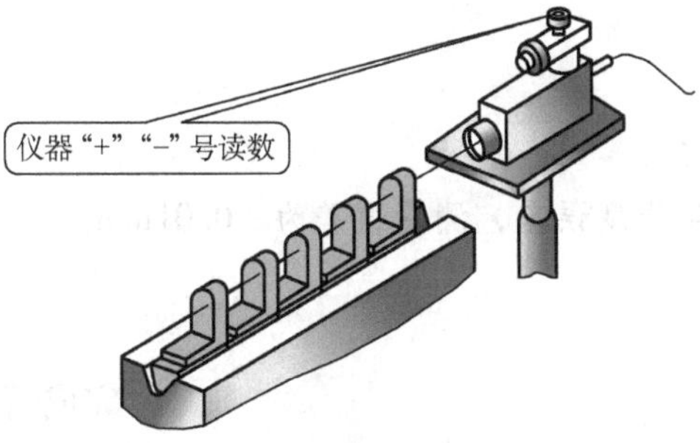

仪器读数

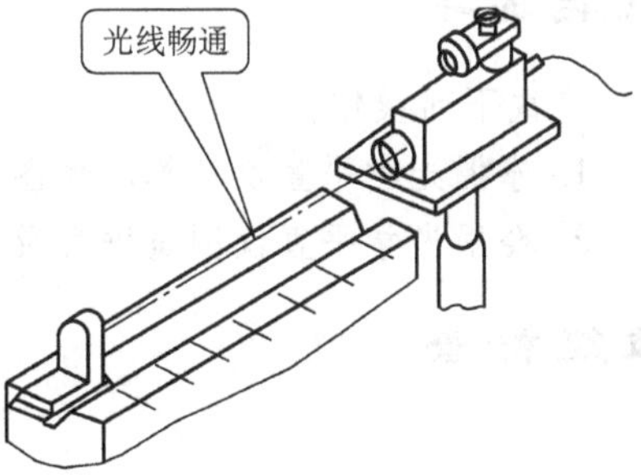

光线畅通

3. 测量后

应将反光镜、垫板等擦净等放入箱内。

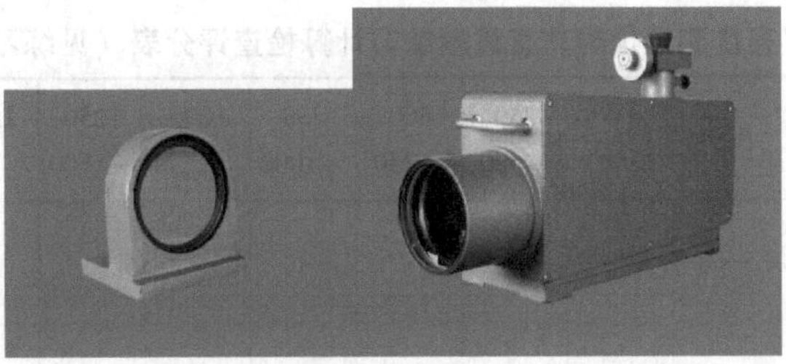

擦净放入箱内

课题小结

本课题主要介绍了角度计量器具中的光学平直度测量仪。它的结构形状，工作原理、读数方法、作图、计算方法、使用方法及使用前后的注意事项。其中应掌握光学平直度测量仪的工作原理、读数方法和使用方法。通过本课题的学习，可以了解光学平直度测量仪结构、类型、用途等；需着重掌握是用光学平直度测量仪对机床导轨水平平面直线度误差测量方法，在测量过程中反复加强技能与技巧的训练。

思考与检查

1. 光学平直仪，是用来检查床身导轨在______平面内和______平面内的直线度误差，并可检查检验用平板的______误差。

2. 常用规格：______ m、______ m。

3. 垂直平面内的直线度，是指沿着导轨长度方向，作一假想______平面 *M* 与导轨相截，得交线 ofg，该交线即为导在______平面内的实际轮廓。包容 ofg 曲线而距离为最小的两平行线之间的坐标值 Δ_1。

4. 水平面内的直线度是指沿着导轨长度方向，作一假想______平面 *H* 与导轨相截，得交线 ofg，其包容线之间的坐标值 Δ_2。

5. 测量时，反射镜与平直仪本体的底平面应______干净。

6. 物镜与平面镜间应保证______畅通。

技能练习

完成下列操作：

1. 掌握光学平直仪计算、作图，要求方法正确。
2. 会用光学平直仪测量垂直及水平平面内的直线度误差，测量误差为 ±0.01mm。

技能检查

	完成情况 是	否
1. 安全测量，文明测量	□	□
2. 掌握光学平直仪的使用方法及操作姿势	□	□
3. 测量完成的质量	□	□

光学平直度测量仪导轨直线度练习计算检查评分表（见练习图样）（单位：mm）

项次	考核项目	考核要求	配分	0 ~ 250	250 ~500	500 ~750	750 ~1000	1000 ~1250	1250 ~1500	1500 ~1750	1750 ~2000	扣分	得分
1	由前向前读数/μm	测量位置/mm	5×8										
2	由前向后读数/μm		4×8										
3	平均值/μm		7										
4	简化读数减去一个任意数（起点数）		8										
5	各点选加数（原点为）		8										
6	安全、文明测量情况		5										

课题 11

表面粗糙度测量仪

学习目标

- 通过本课题的学习，了解表面粗糙度测量仪的用途及使用场合。
- 了解表面粗糙度测量仪的结构形状。
- 掌握表面粗糙度测量仪的工作原理。
- 学会用便携式表面粗糙度测量仪测量零件的表面粗糙度。

相关工件、图样、量具和辅助物

1. 练习图样。
2. 量具：便携式表面粗糙度测量仪。
3. 被测量工件。

练习图样

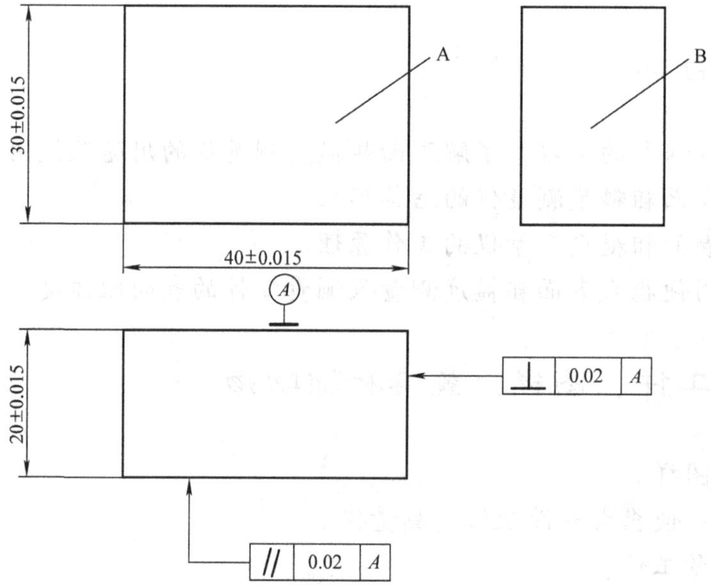

练习内容	材料	规格	工时 /min
测量	45 钢		200

一、表面粗糙度的概念

经机械加工后的零件表面，由于刀痕，切削过程中切屑分离时的分离的塑性变形，刀具与加工表面的摩擦以及工艺系统中的振动等原因，会使被加工零件的表面出现宏观和微观的几何形状误差．我们把加工表面上具有的较小间距和峰谷组成的微观几何形状误差称为表面粗糙度。

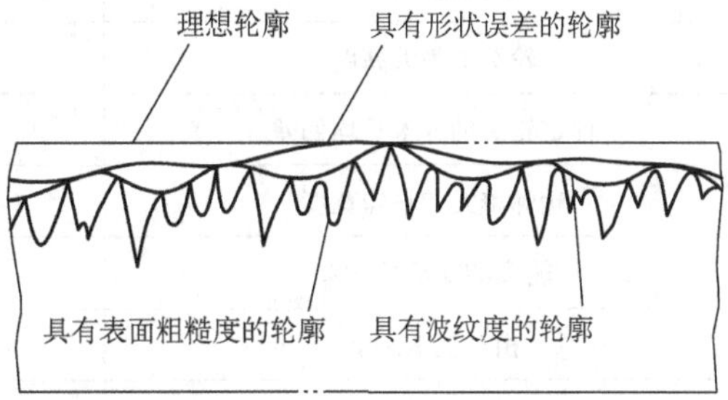

表面粗糙度与表面波纹度、表面形状误差

表面粗糙度与表面波纹度、表面形状误差的区别，通常按相邻两波峰或两波谷之间的距离，即按波距的大小来划分．一般而言，波距小于1mm，大体呈周期性变化的属于表面粗糙度（即微观几何形状误差）的范围；波距在1～10mm之间并呈周期性变化的属于表面波纹度（即中间几何形状误差）的范围；波距在10mm以上而无明显周期性变化的属于表面形状误差（即宏观几何形状误差）的范围。

二、表面粗糙度的国家标准

为了提高产品表面质量，促进互换性生产，并与国际标准接轨，我国制定了表面粗糙度的主要标准如下：

GB/T 3505—2000《产品几何技术规范　表面结构　轮廓法　表面结构的术语、定义及参数》（此标准代替GB/T 3505—1983《表面粗糙度　术语　表面及其参数》）。

GB/T 1031—1995《表面粗糙度　参数及其数值》。

GB/T 131—2006《产品几何技术规范（GPS）　技术产品文件中表面结构的表示法》（此标准代替GB/T 131—1993〈机械制图　表面粗糙度符号、代号及其注法〉）。

GB/T 3505—2000与GB/T 3505—1983基本术语符号的比较见表11-1。

表11-1　GB/T 3505—2000与GB/T 3505—1983基本术语符号的比较

基本术语	GB/T 3505—1983	GB/T 3505—2000
取样长度	l	l_r
评定长度	l_n	l_n
纵坐标值	y	$Z(\chi)$
轮廓峰高	y_p	Z_p
轮廓谷深	y_v	Z_v
轮廓单元的高度	—	Z_t
轮廓单元的宽度	—	X_s
在水平位置c上轮廓的实体材料长度	η_p	$Ml(c)$

GB/T 3505—2000 与 GB/T 3505—1983 参数符号的比较，见表 11-2。

表 11-2 GB/T 3505—2000 与 GB/T 3505—1983 参数符号的比较

参数	GB/T 3505—1983	GB/T 3505—2000
最大轮廓峰高	R_p	R_p
最大轮廓谷深	R_m	R_v
轮廓的最大高度	R_y	R_z
评定轮廓的算术平均偏差	R_a	R_a
轮廓单元的平均宽度	S_m	RSm
轮廓的支承长度率	—	$Rmr(c)$
相对支承比率	t_p	Rmr
十点高度	R_z	—

1. 幅度参数

(1) 轮廓算术平均偏差（R_a） 指在取样长度内纵坐标值的算术平均值，代号为 R_a。表达式近似为

$$R \approx \frac{1}{n}(|Z_1| + |Z_2| \cdots + |Z_n|) = \frac{1}{n}\sum_{i=1}^{n}|Z_i|$$

式中，$|Z_1|$，$|Z_2|\cdots|Z_n|$ 分别为轮廓线上各点的轮廓偏距，即各点到轮廓中线的距离。

R_a 参数测量方便，能充分反映表面微观几何形状的特性。

(2) 轮廓最大高度 R_z 是指在取样长度内，最大的轮廓峰高 R_p 与最大的轮廓谷深 R_v 之和的高度，代号为 R_z。

表达式为

$$R_z = R_p + R_v$$

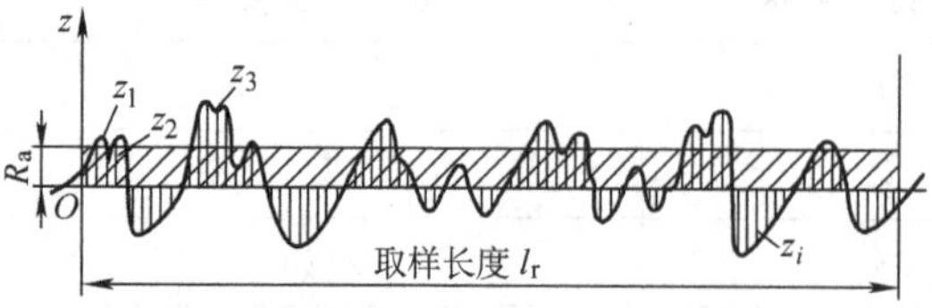

轮廓算术平均偏差 R_a

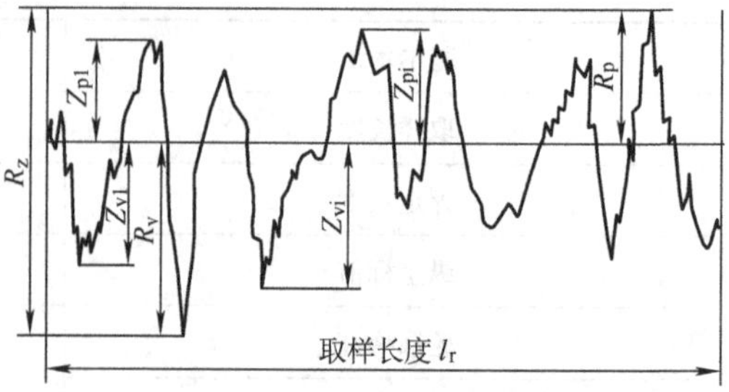

轮廓最大高度 R_z

国标 GB/T 1031—1995 规定了 R_a，R_z 参数允许值，分别见表 11-3 和表 11-4。

取样长度与幅度参数之间有一定的联系，一般情况下，在测量 R_a，R_z 时推荐按对应的取样长度值。

表 11-3　轮廓算术平均偏差 R_a 的系列值　（单位：μm）

系列值	补充系列值	系列值	补充系列值	系列值	补充系列值	系列值	补充系列值
	0.008						
	0.010						
0.012			0.125		1.25	12.5	
	0.016		0.160	1.60			16.0
	0.020	0.20			2.0		20
0.025			0.25		2.5	25	
	0.032		0.32	3.2			32
	0.040	0.40			4.0		40
0.050			0.50		5.0	50	
	0.063		0.63	6.3			63
	0.080	0.80			8.0		80
0.100			1.00		10.0	100	

表 11-4　轮廓最大高度 R_z 的系列值　（单位：μm）

系列值	补充系列值	系列值	补充系列值	系列值	补充系列值	系列值	补充系列值
			0.25		4.0		80
			0.32		5.0	100	
		0.40		6.3			125
0.025					8.0		160
	0.032		0.50		10.0	200	
	0.040	0.80	0.63	12.5			250
0.050					16.0		320
	0.063		1.00		20	400	
	0.080		1.25	25			500
0.100		1.60			32		630
	0.125		2.0		40	800	
	0.160		2.5	50			1000
0.20		3.2			63		1250
						1600	

2. 间距参数——轮廓单元的平均宽度（*RSm*）

间距参数——轮廓单元的平均宽度（*RSm*）是指在取样长度内轮廓单元宽度 X_s 的平均值，代号为 *RSm*。

表达式为

$$RSm = \frac{1}{m}\sum_{i=1}^{m} Xs_i$$

RSm 的大小反映了轮廓表面峰谷的疏密程度，*RSm* 越小，峰谷越密，密封性越好。国标 GB/T 1031—1995 规定了 X_s 和（*RSm*）参数允许值，分别见表 11-5。

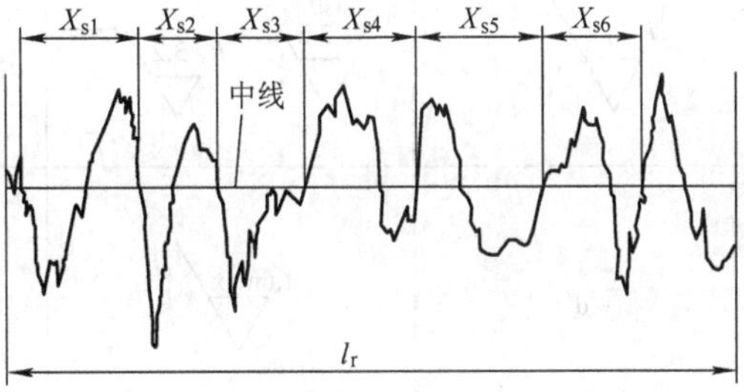

轮廓单元宽度 X_s 轮廓单元的平均宽度 *RSm*

表 11-5 轮廓单元宽度 X_s 和轮廓单元的平均宽度（RSm）的系列值 （单位：μm）

系列值	补充系列值	系列值	补充系列值	系列值	补充系列值	系列值	补充系列值
		0.0125			0.125		1.25
			0.0160		0.160	1.60	
			0.020	0.20			2.0
	0.002	0.025			0.25		2.5
	0.003		0.032		0.32	3.2	
	0.004		0.040	0.40			4.0
	0.005	0.050			0.50		5.0
0.006			0.063		0.63	6.3	
	0.008		0.080	0.80			8.0
	0.100	0.100			1.00	12.5	10.0

3. 曲线和相关参数—轮廓支承长度率 *Rmr*（*c*）

曲线和相关参数—轮廓的支承长度率 *Rmr*（*c*）是指在给定水平位置 *C* 上轮廓实体材料长度 *Ml*(*c*) 与评定长度 l_n 之比，代号为 *Rmr*(*c*)。

表达式为

$$Rmr(c)=\frac{Ml(c)}{l_n}$$

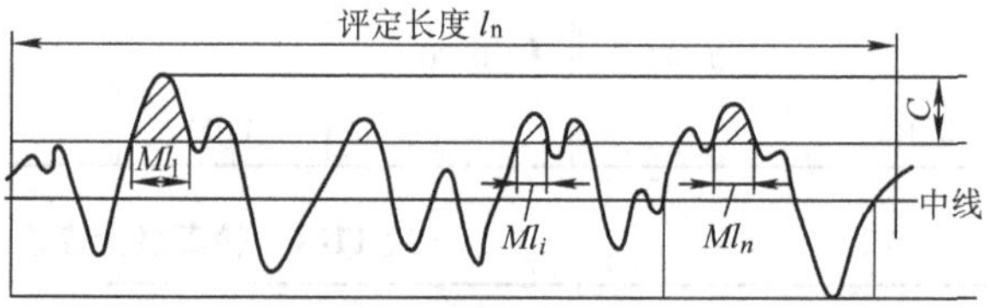

轮廓支承长度率 *Rmr*（*c*）

所谓轮廓实体材料长度 *Ml*(*c*) 是指在给定水平位置 *C* 上用一平行 *X* 轴的线与轮廓单元相截所获得的各段截线长度之和，如图所示。

表达式为

$$Ml(c)=Ml_1+Ml_2+\cdots+Ml_n$$

三、表面粗糙度要求的图样标注（表 11-6）

表 11-6 表面粗糙度要求图样标注的演变

1983（第一版）[a]	1993（第二版）[b]	2006（第三版）[c]	说明主要问题的示例
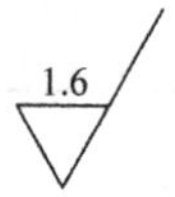 1.6	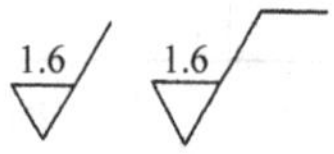 1.6　1.6	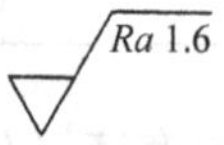 *Ra* 1.6	*Ra* 只采用“16% 规则”
 R_y 3.2	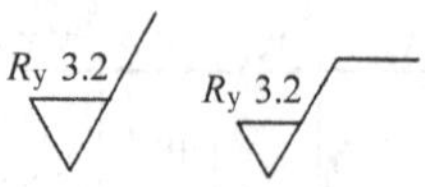 R_y 3.2　R_y 3.2	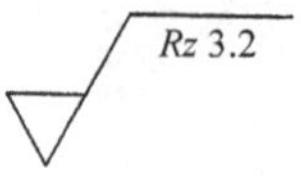 *Rz* 3.2	除了 *Ra*“16% 规则”的参数
– d	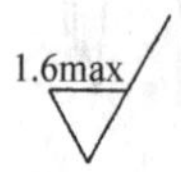 1.6max	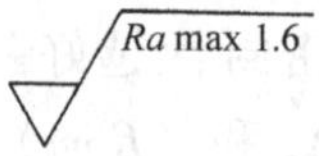 *Ra* max 1.6	“最大规则”

（续）

1983（第一版）[a]	1993（第二版）[b]	2006（第三版）[c]	说明主要问题的示例
1.6 0.8	1.6 0.8	−0.8/Ra 1.6	Ra 加取样长度
R_y 3.2 0.8	R_y 3.2 0.8	−0.8/Rz 6.3	除 Ra 外其他参数及取样长度
1.6 R_y 6.3	1.6 R_y 6.3	Ra 1.6 Rz 6.3	Ra 及其他参数
−d	R_y 3.2 −d	Rz 3 6.3	评定长度中的取样长度个数如果不是5
−d		L Rz 1.6	下限值
3.2 1.6	3.2 1.6	U Ra 3.2 L Rz 1.6	上、下限值

表面粗糙度的标注[⊖]

a_1，a_2——粗糙度高度参数代号及其数值（单位为 μm）。

b——加工要求、镀覆、涂覆、表面处理或其他说明等。

c——取样长度（单位为 mm）或波纹度（单位为 μm）。

d——加工纹理方向符号。

e——加工余量（单位为 mm）。

f——粗糙度间距参数值（单位为 mm）或轮廓支承长度率。

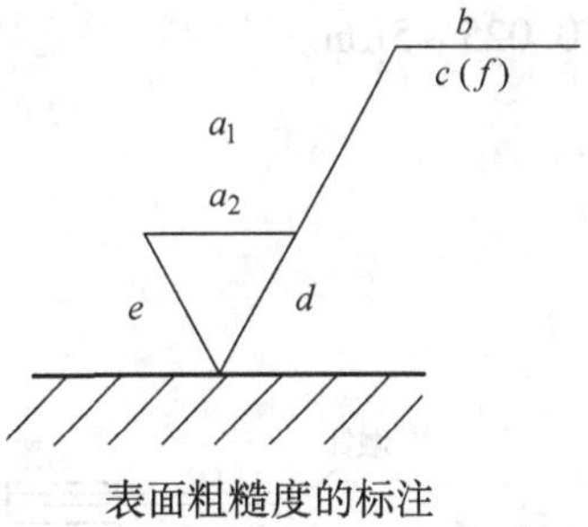

表面粗糙度的标注

四、表面粗糙度的几种测量方法

1. 比较法

比较法是车间常用的方法，将被测表面对照粗糙度样板，借助于检测人员的肉眼观察和手摸感触进行比较，从而估计出表面粗糙度程度。该方法使用简便。

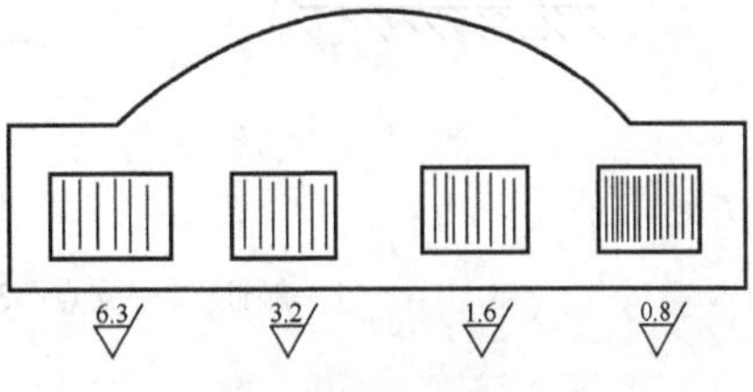

表面粗糙度样板

⊖ GB/T 131—2006 中表面粗糙度已有新的标准方法，这里介绍的是 GB/T 131—1993 规定的标准方法。

2. 光切法

光切法是利用“光切原理”来测量被测零件表面粗糙度的方法。工厂计量室用的光切显微镜（又称双管显微镜）就是用这一原理设计而成的。它适宜测量 R_z 值，测量范围一般为 0.5 ~ 80μm。

3. 干涉法

干涉法是利用光波干涉原理来测量表面粗糙度数值。干涉法所用仪器是干涉显微镜，通常用来测量 R_z 值，测量范围一般 R_z 值为 0.03 ~ 1μm。

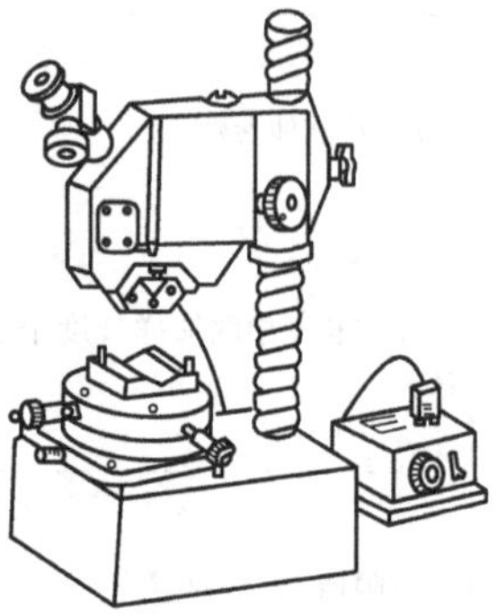

光切显微镜

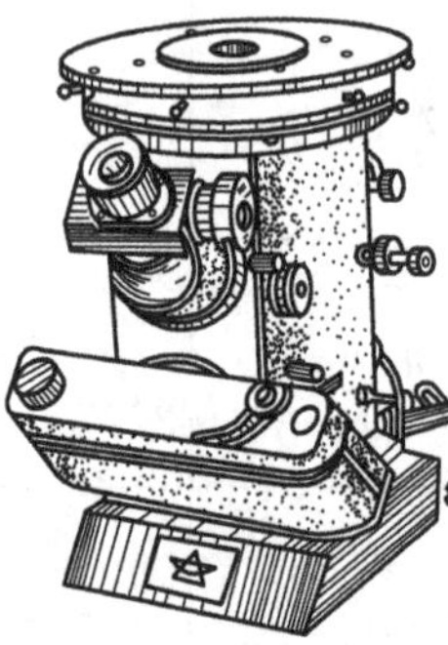

干涉显微镜

4. 针触法

针触法是利用仪器的触针与被测表面想接触并使触针沿其表面轻轻划过，从而测出表面粗糙度的 R_a 值。测量范围一般 R_a 值为 0.025 ~ 5μm。

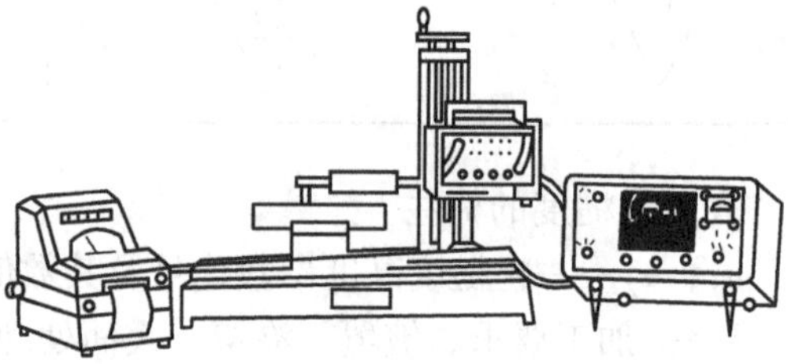

电感轮廓仪

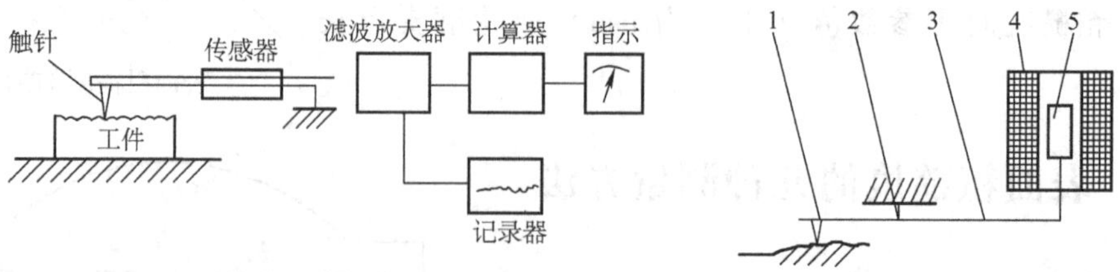

针触法测量原理图

1—触针　2—支点　3—传感器杠杆　4—电感线圈　5—电磁铁心

五、表面粗糙度的检测

便携式表面粗糙度测量仪就是利用针触法来测量零件表面粗糙度 R_a 的值。

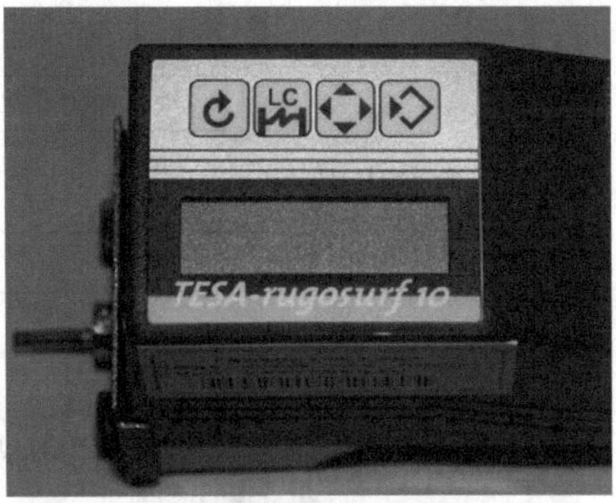

便携式表面粗糙度测量仪

CAILBRATION（样板）

Cut off = 0.8mm（取值长度）

R_a =2.97　117uin（R_a 的值）

步骤

1）将被测工件放置在台面。

2）调整便携式表面粗糙度测量仪底座高低、平稳应适宜（测尖与被测表面相平）。

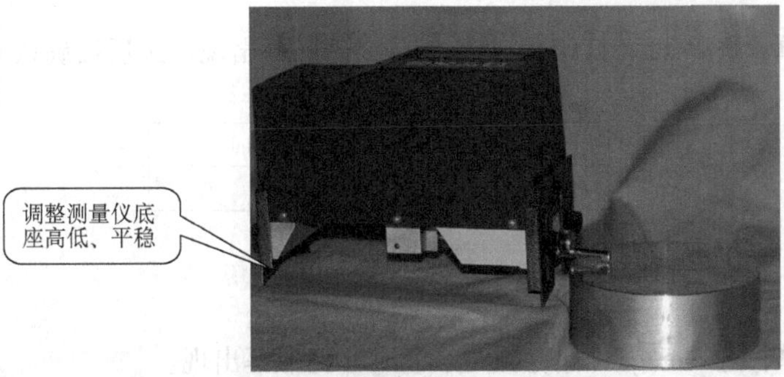

调整测量仪底座高低、平稳

3）测量步骤

① 按  键（开机），按  键屏幕出现。选后按确认键。

long cut off 长度			
0.25	0.8	2.5	(mm)

选定值

确认选定值

② 回主菜单，选 Position（位置），按  键屏幕出现。选后按确认  键。

位置调整为 0

Position	0
+	–

确认位置调整

③ 回主菜单，选 Tol（公差），按  键屏幕出现。

Tolerances	Non
Parameter(参数)	Limits(偏差)

a)

选参数出现

		Tolerances			off
R_a	R_q	R_t	R_z	R_c	RS_m

b)

选偏差出现

T+=	2.97μm
T−=	0.00μm

c)

选后按确认  键，回上级菜单。　　修改确认按  键。

选 T01（公差）

④ 回主菜单，选 Print（打印），按  键屏幕出现。选后按确认  键。

	Param	to	Print		
R_a	R_q	R_t	R_z	R_c	RS_m

选 Print（打印）

⑤ 回主菜单，选 Storage（储存），按  键屏幕出现。

Rctive(存储)	Cancel(取消上次数据)
Show(显示)	Rest(全删)

深灰色表示存储，淡灰色表示不储

选 Storage（储存）

确认储存后，按  键。

⑥ 回主菜单，选 Range（范围），按  键屏幕出现

Measure	range
±20μm	± 80μm

选定范围

选 Range 范围

确认范围后，按  键。

⑦ 回主菜单，选 Standard（标准），按  键屏幕出现。

确认储存后按  键。

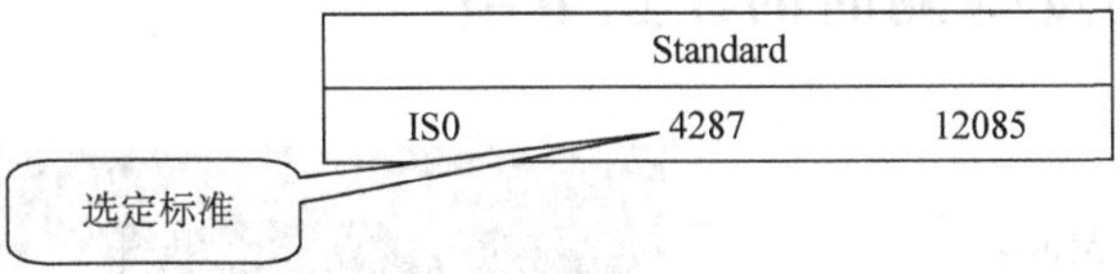

选 Standard（标准）

⑧ 回主菜单选 Calibration（标准口径），按键屏幕出现。

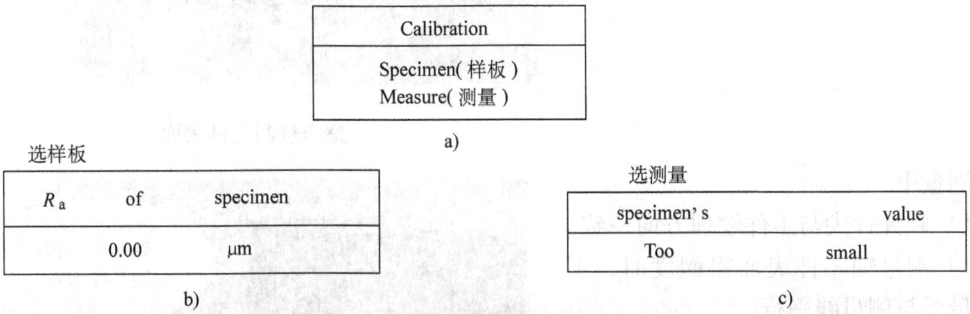

选 Calibration（标准口径）

确认储存后按  键。　　确认储存后按  键。

⑨ 回主菜单，选 Language（语言），按  键屏幕出现。

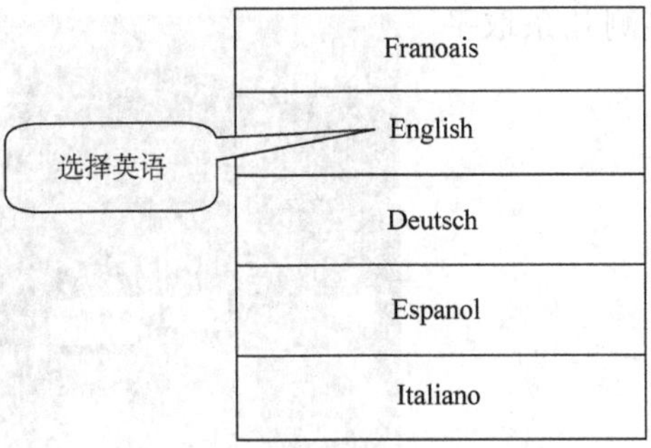

选 Language（语言）

确认语言后，按  键。

⑩ 回主菜单，按  键测量开始。测尖在被测工件表面轻轻划过，测量完成后，数据自动显示。

（这样在被测表面重复测量几次表面粗糙度值取平均值。注意：不在同一线上）。

六、表面粗糙度检测时的注意事项

测量前

1）擦净被测工件表面。

2）调整便携式表面粗糙度测量仪底座高低。

擦净被测工件表面

测量中

1）触针针尖与工件纹理方向一致。

2）测量轴零件表面粗糙度时，工件上母线与侧母线平行。

触针针尖与工件纹理方向一致

3）在被测表面上应多测几条取平均值。

测量后

使用后擦净放入箱内。

表面上多测几条取平均值

课题小结

表面粗糙度是零件几何参数精度指标之一。正确地选择零件的表面精糙度对改善机器的工件性能及提高寿命有着重要意义。在机械设计中，要想正确选用零件的表面粗糙度，就必须正确理解和掌握表面粗糙度的评定参数和标准（对于高度参数 R_a 和 R_z，R_y 反映轮廓误差更具有代表性，因此标准规定，在常用的参数值范围内，优先推荐使用 R_a）。要正确理解、掌握表面粗糙度符号的含义及其标注方法。

思考与检查

1. 表面粗糙度的含义是什么？______________________________。
2. 它与形状误差和表面波纹度有何区别？______________________________。
3. 什么是轮廓中线？______________________________。
4. 为什么要规定取样和评定长度？分别如何确定？______________________________。
5. 表面粗糙度评定参数有哪些？______________________________。
6. 说出高度参数的名称，代号，含义及其特点。______________________________。

技能练习

完成下列操作：

1. 掌握便携式表面粗糙度测量仪的使用方法。
2. 会用便携式表面粗糙度测量仪测量零件表面粗糙度，测量误差为 ±0.005mm。

技能检查

	完成情况 是	否
1. 安全测量，文明测量 ……	□	□
2. 掌握便携式表面粗糙度测量仪使用情况 ……	□	□
3. 测量完成的质量 ……	□	□

表面粗糙度测量练习检查评分表（见练习图样）　（单位：μm）

项次	考核项目	考核要求	配分	检验与考核记录(3 次)			扣分	得分
1	平面 A	R_a 值	48					
2	平面 B		48					
3	安全、文明测量情况		4					

课题 12

三坐标测量机 TUTOR for windows 系统

学习目标

- 通过本课题的学习，了解 TUTOR for windows 系统。
- 了解三坐标测量机的结构类型。
- 了解三坐标测量机的 TUTOR N 数字控制器。
- 学会三坐标测量机的 TUTOR P 数字控制器操作。
- 学会用掌握三坐标测量机 TU01 控制单元的操作盒的操作。

相关工件、图样、量具和辅助物

1. 练习图样（操作盒操作练习）。
2. 三坐标测量机。
3. 练习 TU01 控制单元的操作盒操作。

练习图样

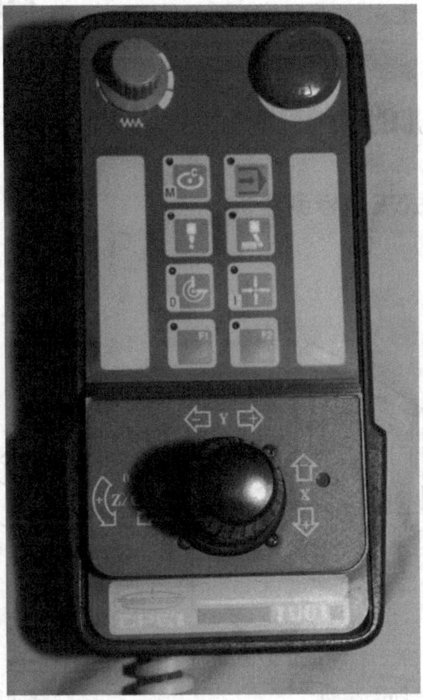

练习内容	材料	规格	工时 /min
操作盒练习			220

三坐标测量机

测量原理：将被测物体置于三坐标测量空间，可获得被测物体上各测量点的坐标位置，根据这些点的空间坐标值，经计算求出被测物体的几何尺寸，形状和位置。

三坐标测量机

一 、三坐标测量机的类型

1. 龙门移动、龙门固定式三坐标测量机

2. 悬臂式三坐标测量机

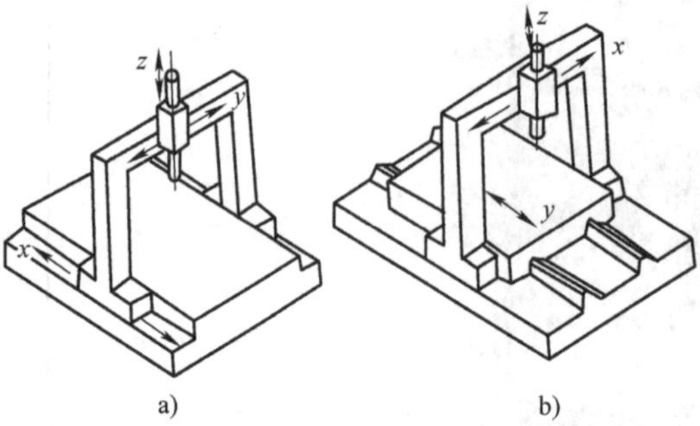

龙门移动龙门固定式三坐标测量机

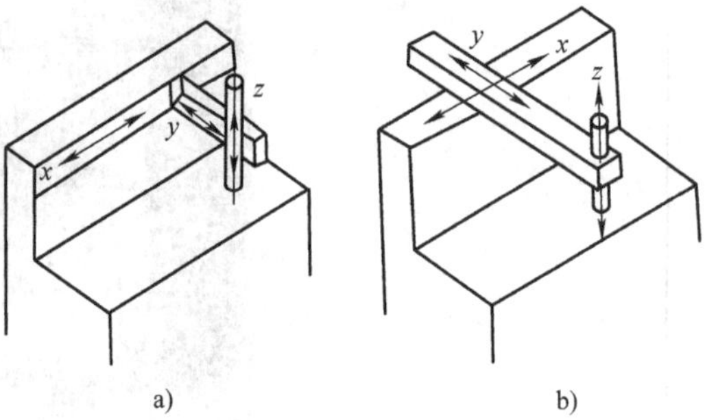

悬臂式三坐标测量机

3. 桥式三坐标测量机

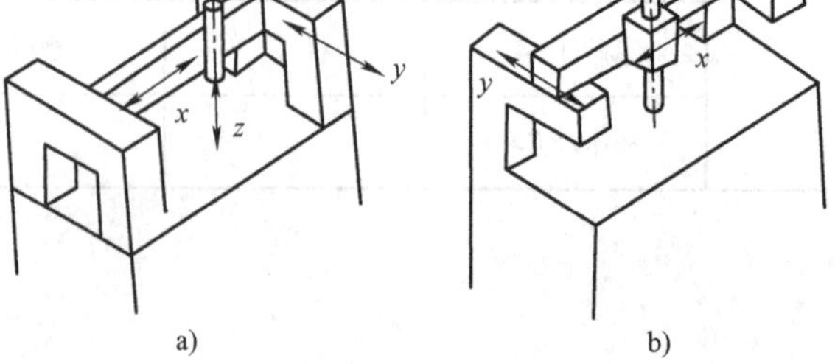

桥式三坐标测量机

二、TUTOR for windows 系统

1. TUTOR 测量系统部件

1）TUTOR 测量软件

2）计算机

3）测量机

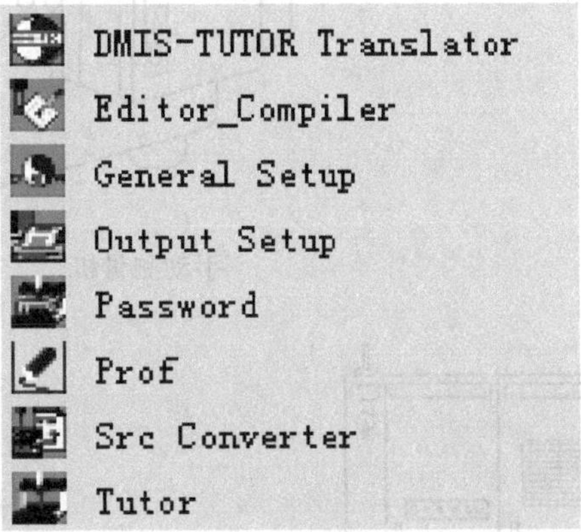

TUTOR 测量软件

a）家庭翻译机　b）编译　c）密码设置　d）输出安装
e）口令　f）教授　g）屏幕切换　h）家庭教师

计算机

2. 软件结构

（1）SOI 环境　是一个可执行操作或过程的按钮菜单屏幕。

（2）测量环境　是一个称为测量活动页面的屏幕。

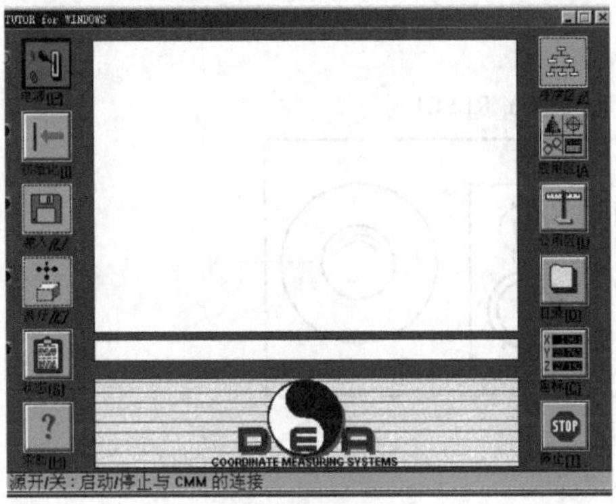

SOI 环境

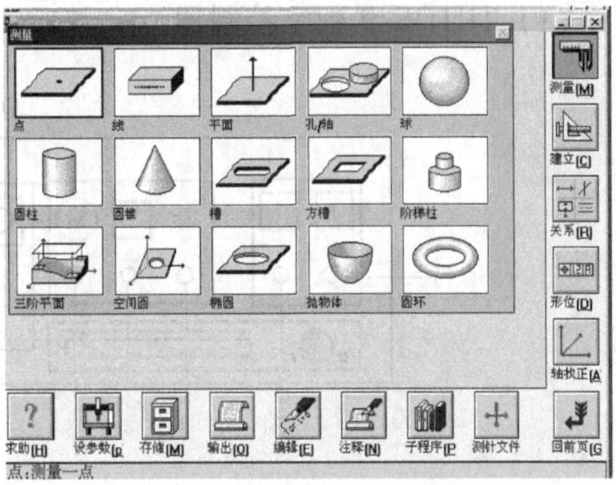

测量环境

3. 软件特征

TUTOR 软件具有两个主要特征

1）进行测量活动。

2）测量结果输出控制。

三、TUTOR for windows 测量机（手动或机动）

1. 手动测量机（TUTOR，M 型）

手动测量机有一个电气控制单元，上面有一个机器的开关为了移动横梁，操作者必须直接控制机器的控制驱动器（手把或悬钮），当测量时，基本垂直被测元素表面方向采点。

以大致同样的速度采点。

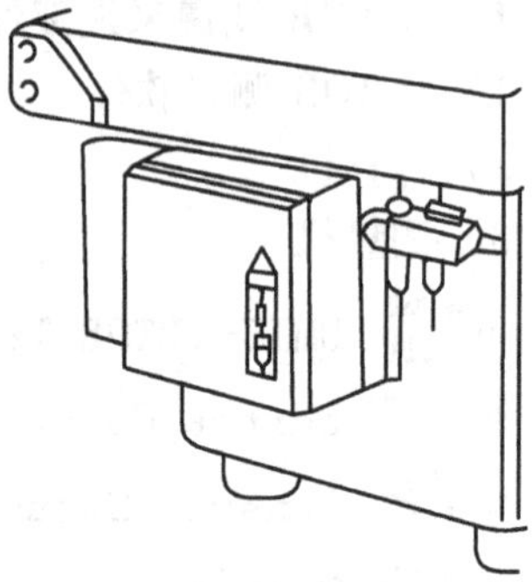

手动测量机

2. 机动测量机（TUTOR，P 和 M 型）

机动测量机有电气控制单元，数字控制器（电气柜）和操作盒和控制单元 TU01（机动机器手动控制）。

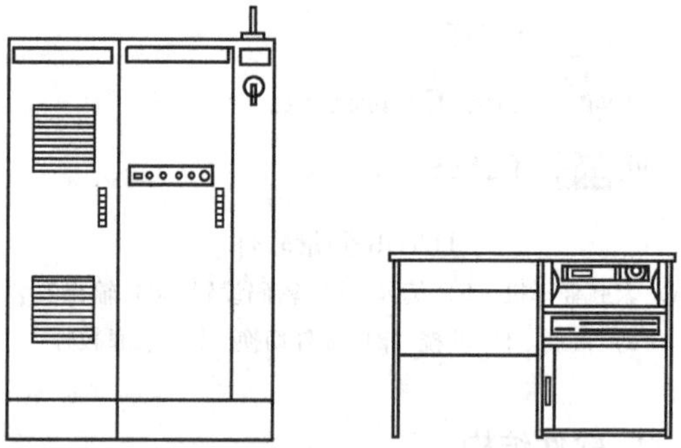

机动测量机

3. 电气控制硬件系统

（1）TUTOR P 数字控制器

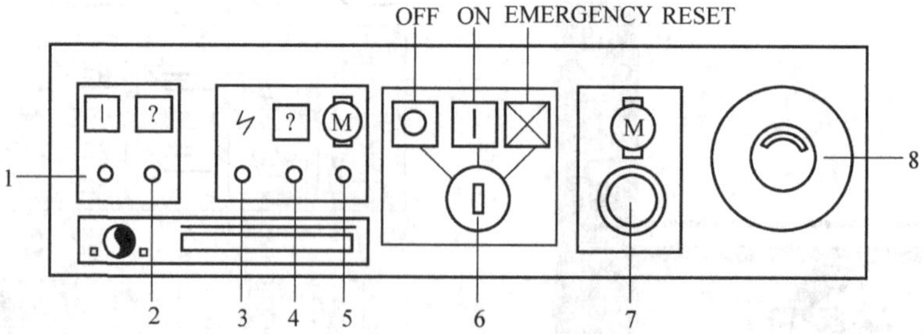

TUTOR P 数字控制器

1—一个绿灯显示数字控制器逻辑正确　2—一个闪烁红灯显示控制器逻辑处于应急状态　3—一个绿灯显示数字控制器主电源接通　4—一个闪烁红灯显示处于通常应急状态　5—一个绿灯显示测量机驱动电源接通　6—一个三位置钥匙开关（控制关或开、应急状态）　7—驱动供电按钮（通常手动加电，称 MOTOR ON）　8—蘑菇形应急按钮

(2) TUTOR M 数字控制器

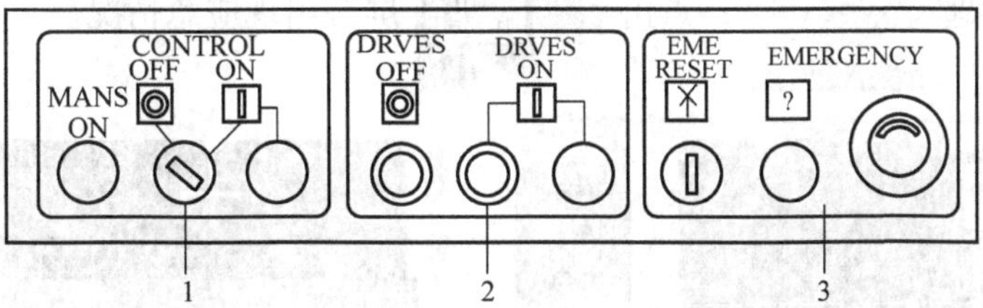

TUTOR M 数字控制器

1—显示灯和系统启动钥匙开关 2—驱动使能按钮和显示灯

3—钥匙开关，显示灯和蘑菇形应急按钮（应急控制）

4. TU01 控制单元

以下功能按键用于手动和自动运行

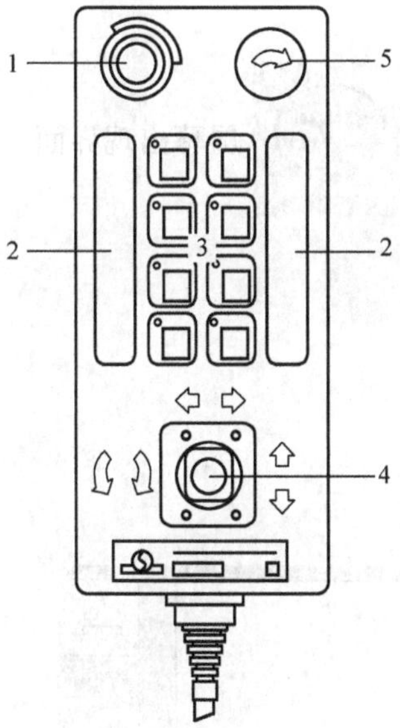

TU01 控制单元

1—旋钮，称为 FEED，调节测头速度 2—两个使能按钮

3—8 个功能按键（带 LED 灯）；其中四个在本章介绍

4——个操作杆，控制测量机运动

5——个蘑菇形应急按键

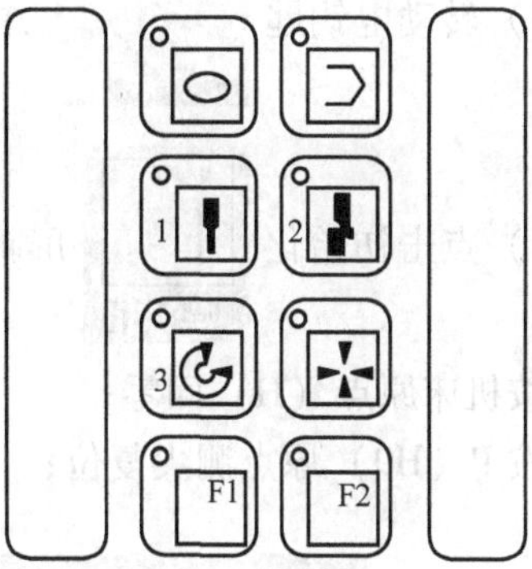

按键用于手动和自动运行

1—TF ON/OFF 按键，使能/无效所选测头采点

2—TF UNLOCK 按键，测头碰撞后，通过操作杆使机器恢复运动 3—MICRO POS 按键，使能/无效微米级运动

四、三坐标测量机的使用

1）开机双击 

程序启动；屏幕出现 DER 界面。

2）打开电钥匙  ；点击 

屏幕出现应急情况。

程序启动

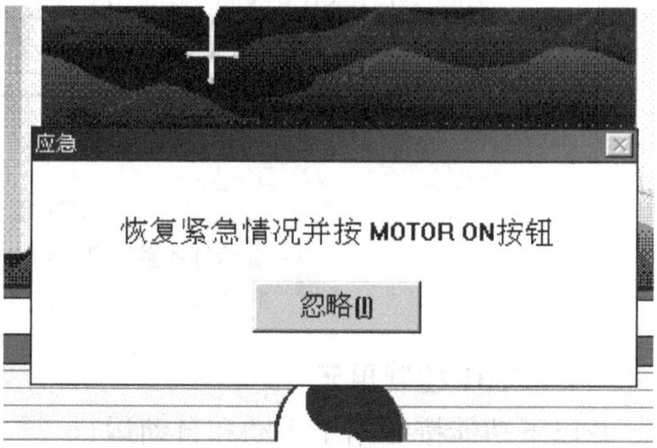

打开钥匙

3）转动电钥匙  并（按驱动供电按钮） 屏幕出现界面。

4）点击初始化 

屏幕出现界面。

按机床原点（H）回零；

按 P（H9）原点测尖复位；

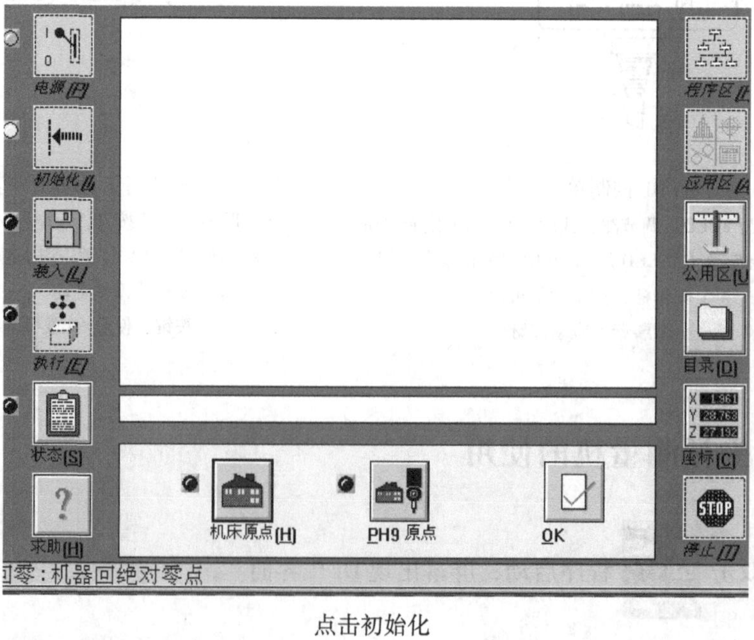

点击初始化

按 OK 键。

（机器回绝对零点）

5）三坐标测量机一般都有相互垂直的三个测量方向。

水平纵向运动为 X 方向（又称 X 轴）

水平横向运动为 Y 方向（又称 Y 轴）

垂直运动方向为 Z 方向（又称 Z 轴）

手动移动测头

6）手动移动测头

（在直接测量或自学习模式）

① 旋转 FEED 旋钮：

逆时针（小于半区），设置低测量速度。

顺时针（大于半区），设置高测量速度。

② 左手按下其中一个使能按键

逆时针，设置低速

a. 使 TF 按键有效（ON），选择采点运动。

左手按下其中一个使能按键

拨动操作杆向 $+X$ 或 $-X$ 方向，移动主滑架向前和向后。

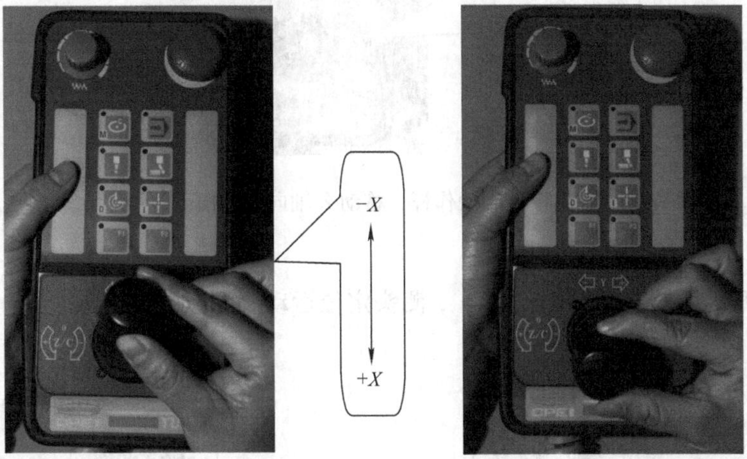

左手按下其中一个使能按键

右手拨动操作杆向 $+Y$ 或 $-Y$ 方向，移动第二滑架向右和向左。

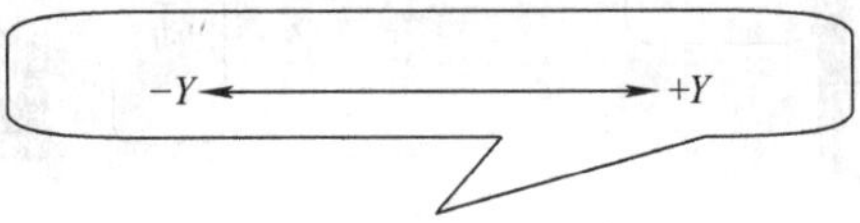

a) b)

右手拨动操作杆，移动第二滑架向右向左

右手旋转操作杆向 $+Z$ 或 $-Z$ 方向，移动 Z 轴向上和向下。

右手旋转操作杆，移动 Z 轴向上和向下

b. 按使 TF 键无效（OFF），测头定位运动（移动或松弛）。

测头定位运动

测头微量运动

c. 按使 MICRO POS 键有效 ，测头微量运动。

7）采点练习

① 平面采点：左手按下其中一个使能按键。

右手旋转操作杆向 -Z 方向移动测头向下。（当测头与工件离开 10mm 时，按  键，右手旋转操作杆测头缓缓向下移动直至与工件碰上，测头停止。采点完成，测头迅速离开）。

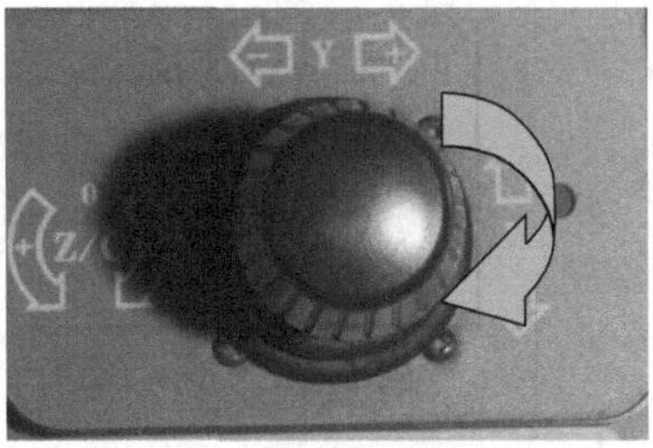

平面采点

② 前侧面采点：左手按下其中一个使能按键。

拨动操作杆向 +X 或 -X 方向，移动主滑架向前和向后。（当测头与工件离开 10mm 时，按  键，右手推动操作杆测头缓缓向后移动直至与工件碰上测头停止。采点完成，测头迅速离开）。

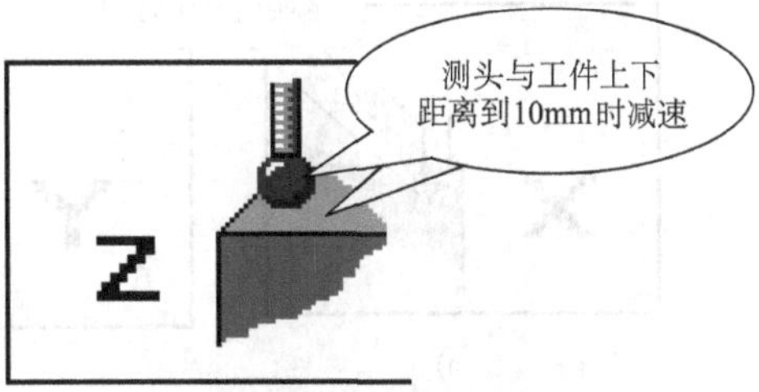

右手旋转操作杆移动测头向下

③ 左侧面采点：左手按下其中一个使能按键。

拨动操作杆向 +Y 或 -Y 方向，移动第二滑架向右和向左。（当测头与工件离开 10mm 时，按  键，右手推动操作杆测头缓缓向右移动直至与碰上测头停止。采点完成，测头迅速离开）。

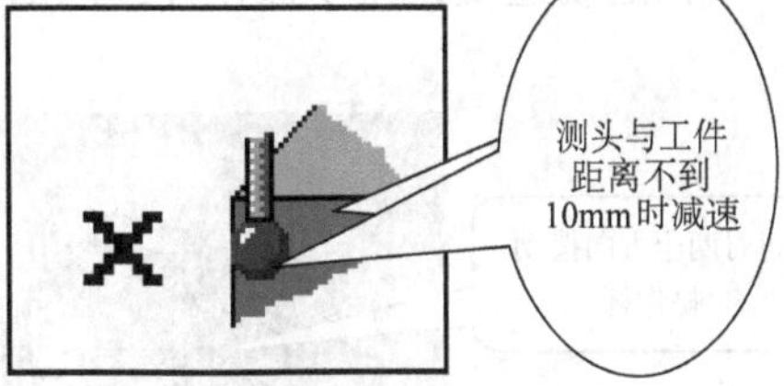

拨动操作杆，移主滑架向前和向后

五、练习拨动操作杆时的注意事项

1. 当测量一个点（TF ON）时，测头运动

1）只能沿轴向运动（Z 轴或单个滑架运动）

2）恒定速度运动，速度取决于 FEED 旋钮的位置（小于或大于半区），和操作杆拨动或旋转（小于或大于半区），在测量阶段，操作杆不应拨动或旋转超过半区，只有当测头从工件推出时才做。

3）测头接触工件后停止采点完成，操作杆只有沿测量方向相反的方向，测头才能动作。

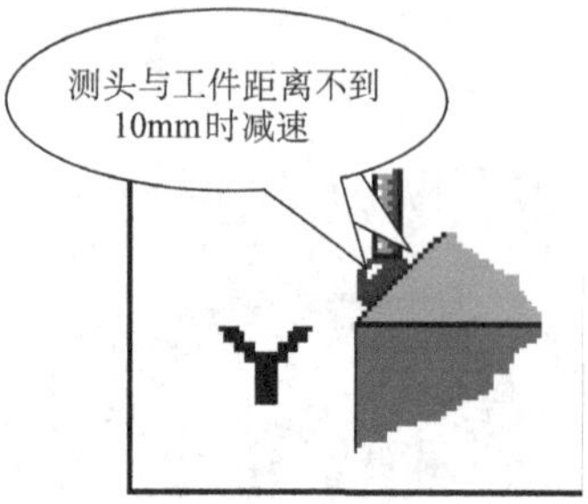

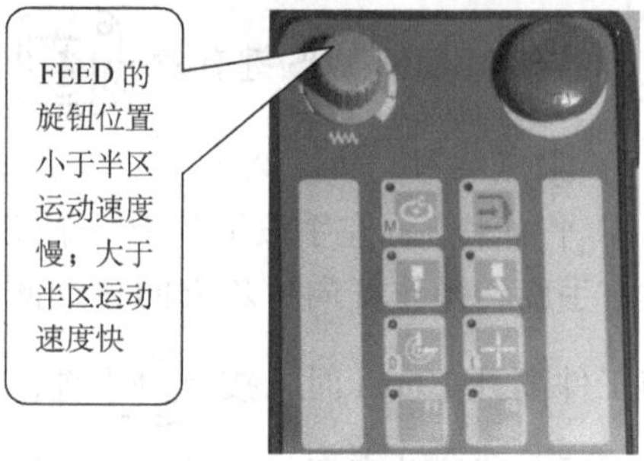

恒定速度运动，速度取决于FEED
旋钮的位置和操作杆拨动或旋转

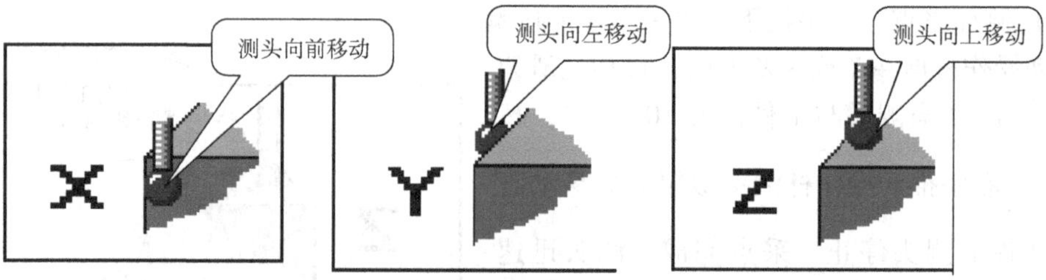

a) b) c)

操作杆只有沿测量方向相反的方向，测头才能动作

2. 测头的定位运动（TF OFF）

1）同时两个方向拨动操作杆，测头可以沿斜方向运动（滑架连续运动）。

2）运动速度正比于操作杆拨动的角度和旋转的角度，与FEED旋钮没有关系。

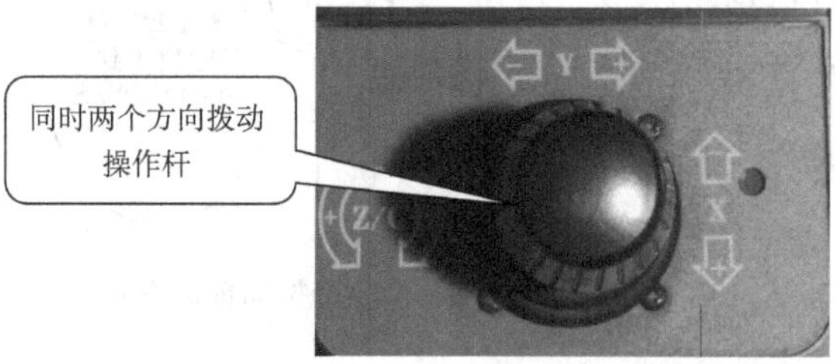

同时两个方向拨动操作杆

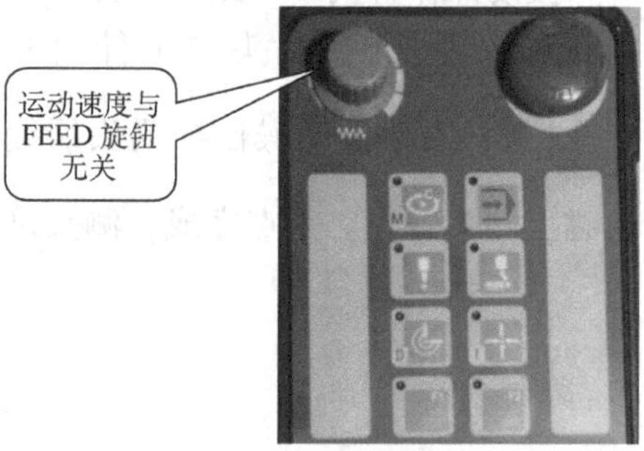

运动速度与FEED旋钮无关

3）如果碰撞，测头停止，操作杆不起作用，你必须按TF UNLOCK按键才能再次激活。（测头反向移动）

3. 测头的微量运动（MICRO POS）

1）只能沿单轴方向运动（单个滑架或Z轴）。

2）依据FEED旋钮位置（小于或大于半区），恒定速度运动（每秒1μm或10μm）。

4. 机动运动

当三坐标测量机运动时，有三个操作与TU01控制单元相关：

1）旋转FEED旋钮，设置测量速度和定位速度（从零到缺省值）。

2）当测头碰撞工件后，按 TF UNLOCK 键激活操作杆。

3）当有碰撞危险发生时，按应急按钮，停止机器运动。

测头停止，需按 TF UNLOCK 键激活

测头的微量运动

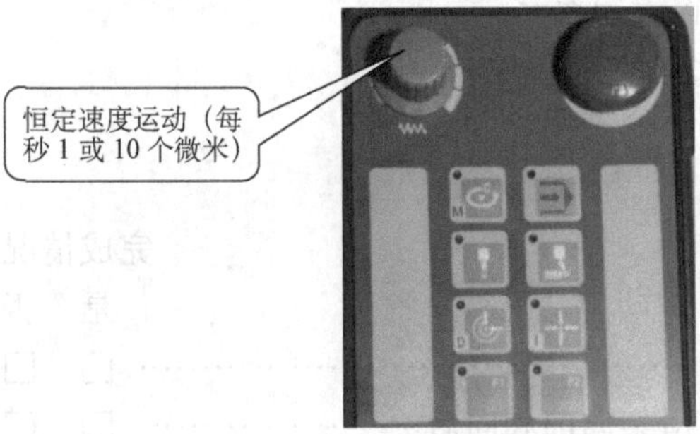

依据 FEED 旋钮位置恒定速度运动

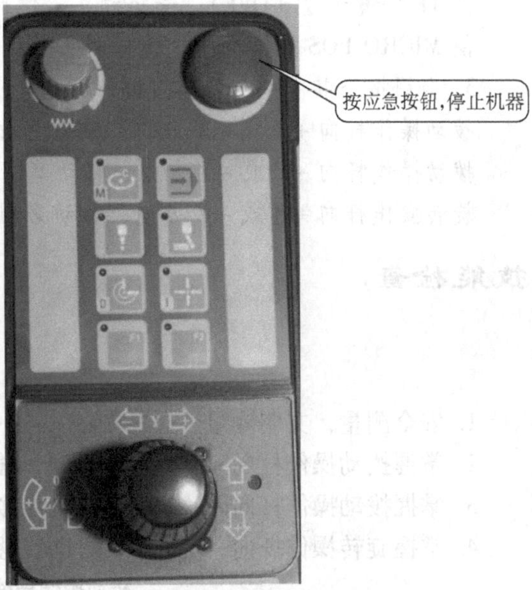

按应急按钮，停止机器

课题小结

本课题主要介绍了三坐标测量机 TUTOR for windows 系统。它的结构类型、测量原理、TUTOR N 数字控制器、TUTOR P 数字控制器操作方法。其中应掌握三坐标测量机测量原理。通过本课题学习，可以了解各数字控制器用途等；需着重掌握的是三坐标测量机 TU01 控制单元的操作盒的操作练习。

思考与检查

1. 三坐标测量机的机构类型______、______、______、______。

2. 测量机（TUTOR for windows）系统有______、______、______。

3. 测量机（TUTOR for windows）测量系统包括范围很广的 DEA 测量机______、______。

4. 数字控制器________、________。

5. 控制单元________。

技能练习

完成下列操作：

手动运动 手动模式移动测头：

1. 旋转 FEED 旋钮：

逆时针（小于半区），设置低测量速度。

顺时针（大于半区），设置高测量速度。

2. 按下其中一个使能按键，并且

使 TF 按键有效（ON），选择采点运动。

使 TF 按键无效（OFF），选择测头定位运动（移动或松弛）。

使 MICRO POS 按键有效，选择测头微量运动。

3. 会用按下其中一个使能按键，并且

拨动操作杆向 $+X$ 或 $-X$ 方向，移动主滑架向前和向后。

拨动操作杆向 $+Y$ 或 $-Y$ 方向，移动第二滑架向右和向左。

旋转操作杆向 $+Z$ 或 $-Z$ 方向，移动 Z 轴向上和向下。

技能检查

	完成情况 是	否
1. 安全测量，文明测量 ……	□	□
2. 掌握拨动操作杆向 $+X$ 或 $-X$ 方向，移动主滑架向前和向后 ……	□	□
3. 掌握拨动操作杆向 $+Y$ 或 $-Y$ 方向，移动第二滑架向右和向左 ……	□	□
4. 掌握旋转操作杆向 $+Z$ 或 $-Z$ 方向，移动 Z 轴向上和向下 ……	□	□

拨动操作杆练习检查评分表

（单位：mm）

项次	考核	要求	配分	检验与考核记录(3 次)			扣分	得分
1	$+X$ 或 $-X$ 方向	拨动操作杆	32					
2	$+Y$ 或 $-Y$ 方向		32					
3	$+Z$ 或 $-Z$ 方向		32					
4	安全、文明测量情况		4					

课题 13

三坐标测量机测量头管理操作

学习目标

- 通过本课题的学习，了解三坐标测量机的测头类型。
- 掌握三坐标测量机的测头转动范围。
- 学会三坐标测量机的测头标定（标定标准球）。
- 学会三坐标测量机的测头存储、调用、删除。

相关工件、图样、量具和辅助物

1. 三坐标测量机。
2. 练习（标定标准球）、测头旋转、测头存储、调用、删除。

练习图样

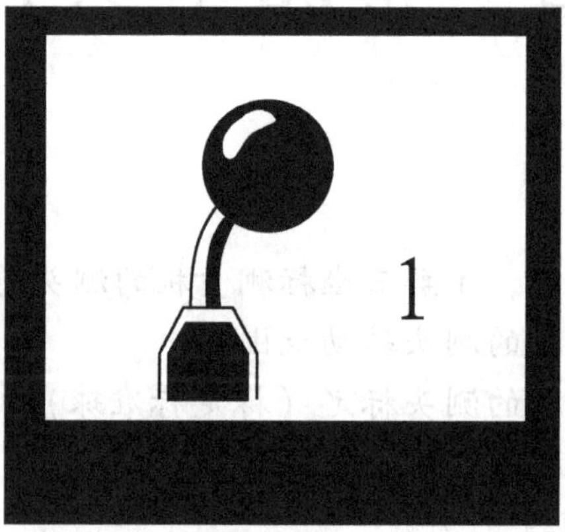

练习内容	材料	规格	工时 /min
测头标定练习			200

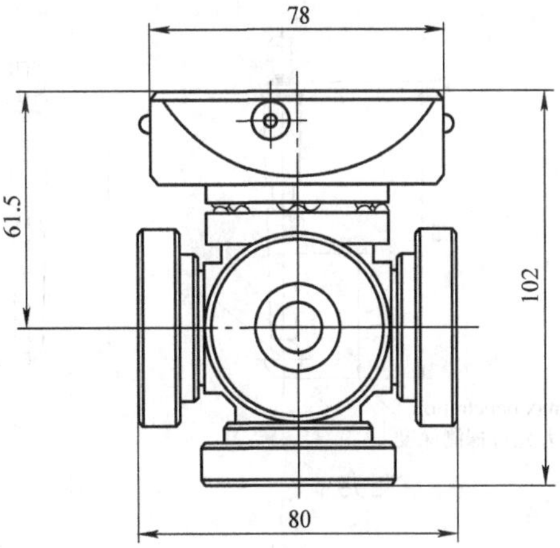

三坐标测量机测头体

一、三坐标测量机测头体

TF56 测头体 MULTIPLE ELECTPONIC PROBES

TF56 可选择的附件：

—大套 CCT-1 测头

—小套 CCT-1 测头

—127mm 加长杆

—254mm 加长杆

—U06 带线万向接杆

三坐标测量机测头体主要技术参数见表13-1、主要附件参数见表13-2。

表13-1　主要技术参数

测　　头	TF56
应用范围	CNC 和手动测量机
单轴重复性	0.4μm
各向异性	±1.0μm
测力范围	
轴向 径向	35～100N 10～30N
测尖偏置量 轴向 径向	 10mm 12mm
重量	2000kg
加长杆长度	254mm
测尖重量	30kg

表13-2　主要附件参数

附　　件	重　　量
127mm 加长杆 127mm	156kg
254mm 加长杆 254mm	294kg
40mm 标准直测尖　40mm	4kg
U06 带线万向接杆　230N	230kg

二、三坐标测量机的测尖类型

一组测尖与 CPEI 标准的点到点电测头，在杆的端部所用的红宝石球的圆度可达0.25μm。

（1）星形测尖

（2）直测尖

（3）直角测尖

（4）铰接测尖

（5）特殊测尖

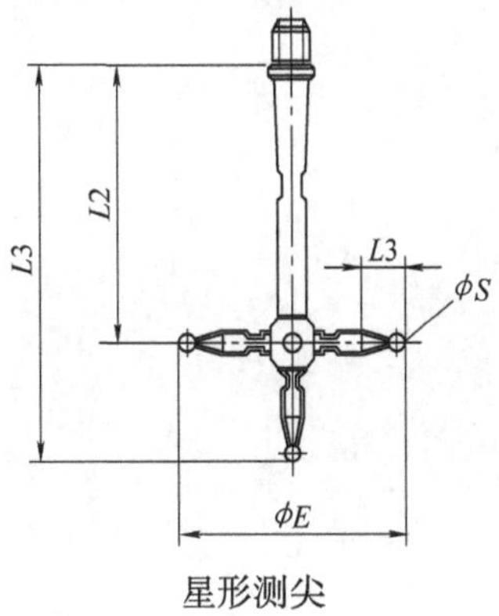

星形测尖

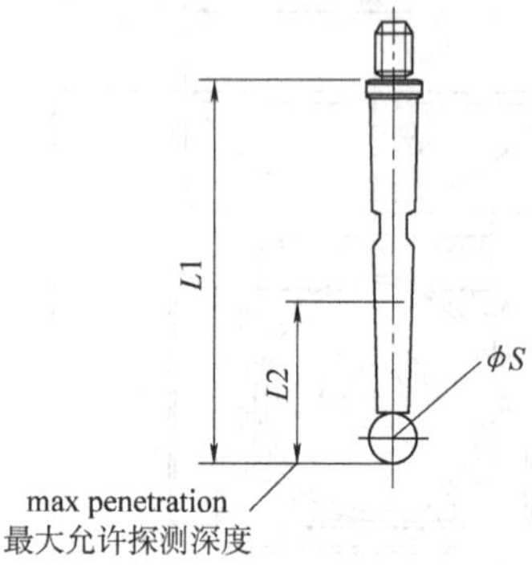

直测尖

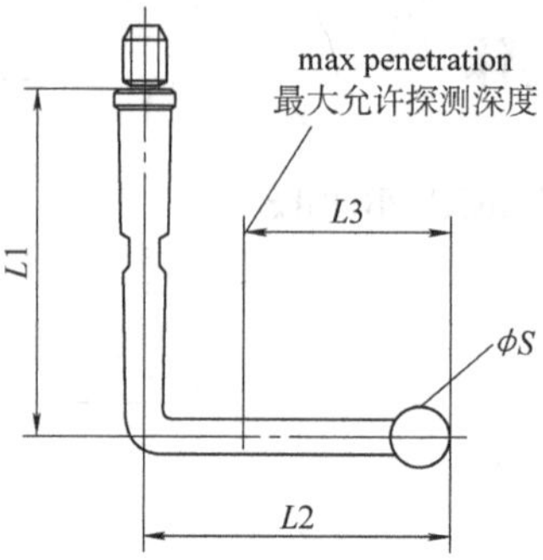

直角测尖

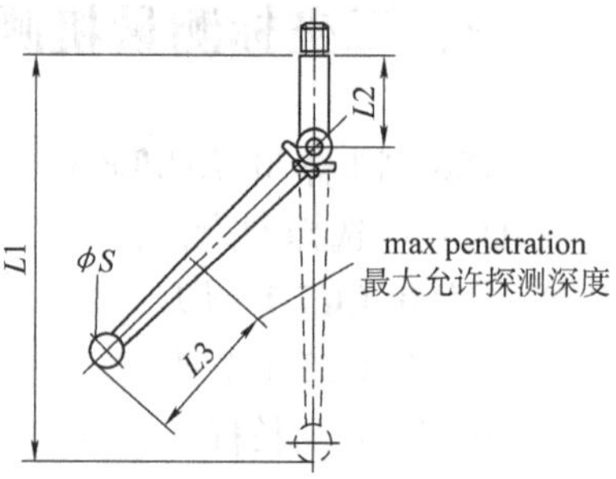

铰接测尖

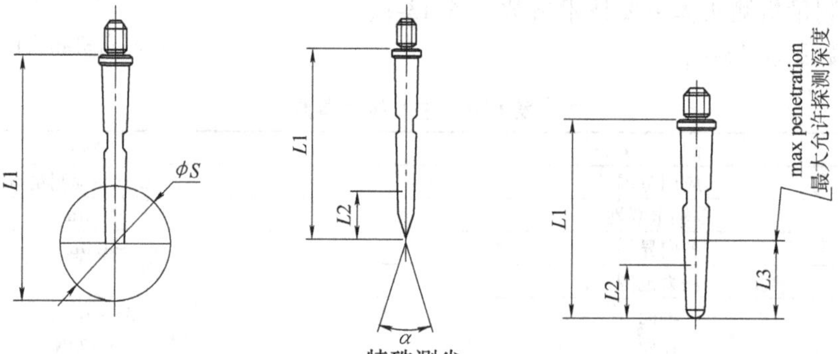

特殊测尖

三、三坐标测量机的测头组合

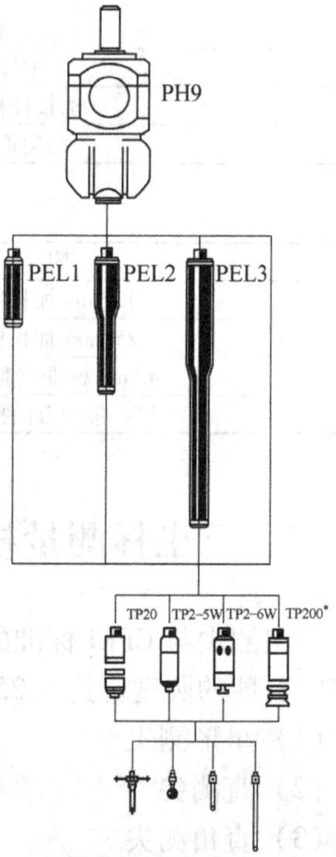

三坐标测量机的测头组合

四、三坐标测量机的智能分度头

本三坐标测量机采用 PH9 智能分度头座，其技术参数见表 13-3。PH9 测头座可在水平（A）轴、竖直（B）轴实施定向转动测量。

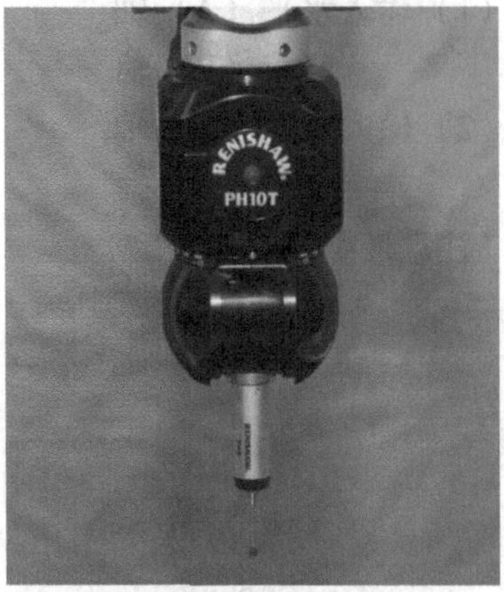

三坐标测量机的智能分度头

表 13-3　智能分度头座技术参数

型　号	PH9
单轴重复性	0.5μm
动作时间	2.5s(7.5°) 3.5s(90°)
转角范围： A 轴 B 轴	0 ~ 105°(7.5°/步) 0 ~ 105°in7.5°steps ±180°(7.5°/步) ±180°in7.5°steps
可变位置	720°
最长承载力矩	0.14N · m
最大杆长度	200mm
应用范围	CNC 测量机
重量	645g
工作温度	10 ~ 40℃
测头连接方式	M8 螺纹
控制器	PHC9

开机学习 PH9 智能分度头座转动方向练习

双击 

程序启动；打开电钥匙  ；点击 

屏幕出现应急；加电机  （绿色按钮）；点击初始化 

；按机床原点（H）回零；按 P（H9）原点测尖复位；按 OK 键（机器回绝对零点）。点击 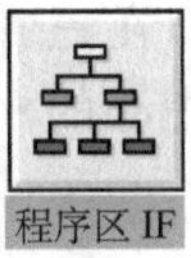

；单击 

；单击 

；点击 

，输入 A、B 轴角度 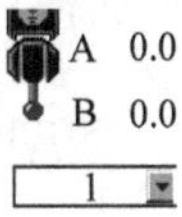

。

（1）输入水平（A）轴　　30°

　　　竖直（B）轴　　90°PH9 智能分度头座转动方向。

（2）输入水平（A）轴　　90°

　　　竖直（B）轴　　－180°PH9 智能分度头座转动方向。

（注意最小角度为 7.5°）

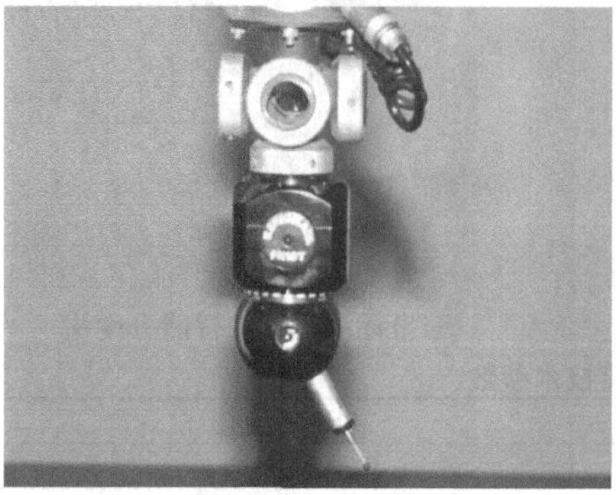

输入水平（A）轴 30°

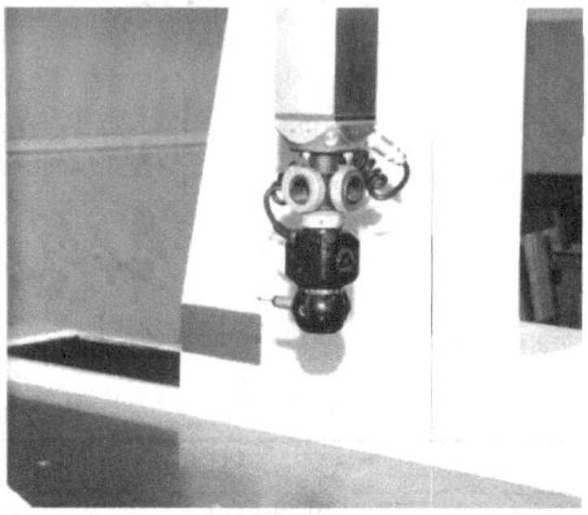

输入水平（A）轴 90°

五、三坐标测量机的测头标定

标定 1 号球

在测量过程中我们必须获得测尖动态半径和测尖偏置，为此必须对选用配置的测尖利用标准球进行标定。标定分两个过程。

1）标准球应该被牢固地安装在工作台面上。

并且保证该操作可确定出其他测尖的动态半径及偏移置（由系统计算出）。

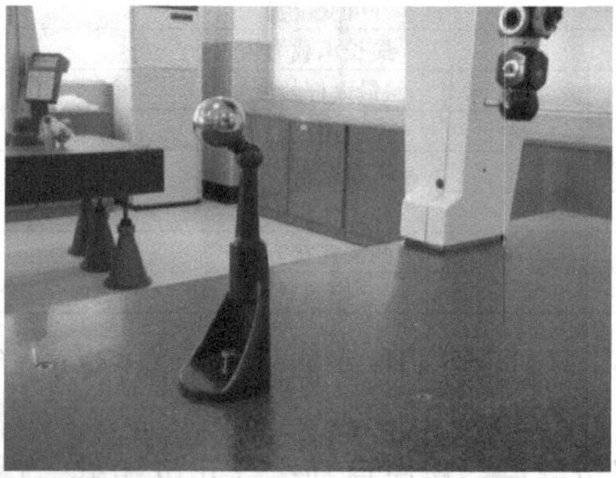

标准球被牢固地安装在工作台面上

2）点击 1 号球图表可对工作台面上的第一个标准球进行标定。

这时屏幕将显示如下标定参数窗口。

① 输入标准球直径：D＝50.8056

（确定出测尖动态的半径及测尖的偏置量）

② 测头偏置量（毫米级精度）即在三个机床坐标方向上测头体中心到测尖中心的距离。

X＝0；Y＝0；Z＝150

如果输入的测量参数全部正确的话，就可按 OK 开始采点。

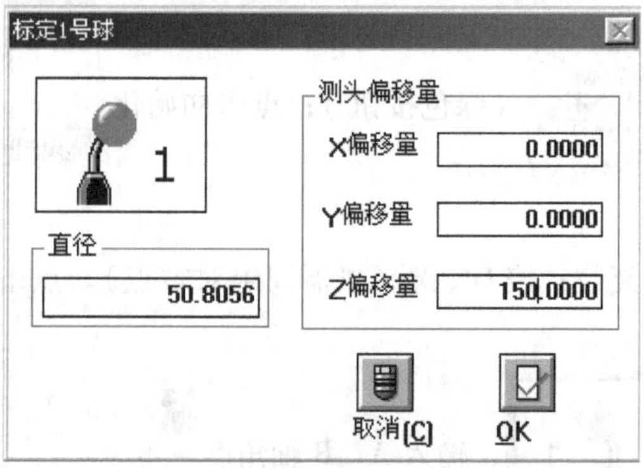

对标准球进行标定

3）标定标准球（采 5 点）。

角度 1

水平（A）轴　　0°

竖直（B）轴　　0° PH9 智能分度头座转动后。

采样点要尽量均匀分布在球体表面

第一点：采在球顶端（测头垂直于球）；

第二点：在赤道圆周线上均匀采四点。（需要的话还可在回归圆周线上再采四点）。

第1点

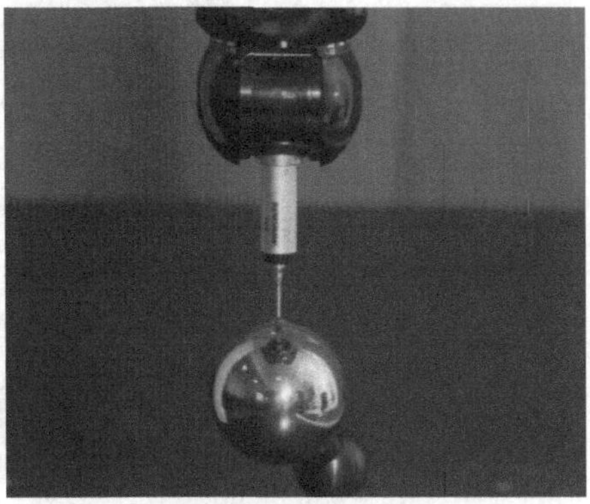

采点在球顶端

第2点

在赤道圆周线上均匀采四点（一）

第3点

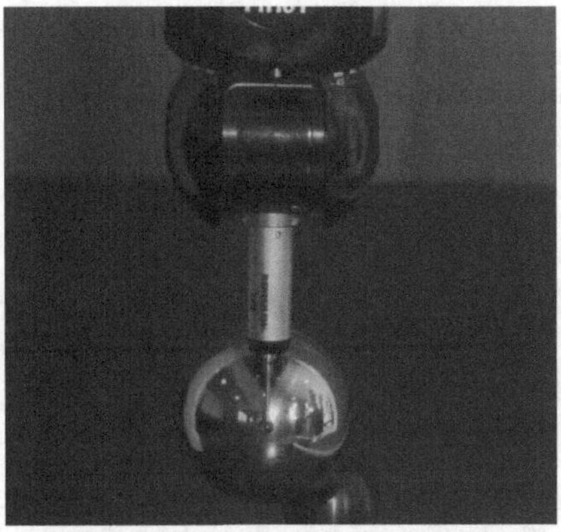

在赤道圆周线上均匀采四点（二）

第4点

在赤道圆周线上均匀采四点（三）

第5点

在赤道圆周线上均匀采四点（四）

角度 2

水平（A）轴　　90°

竖直（B）轴　　－90° PH9 智能分度头座转动后（采点方法同上）。

注意：测头方向全部标定完成后存储。

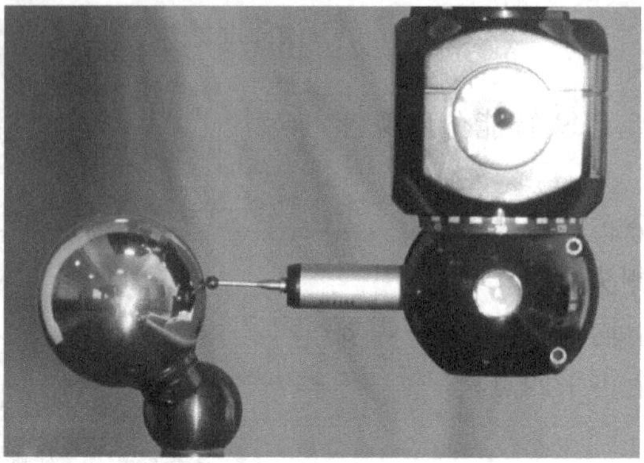

角度 2

4）存储测头标定数据。

要存储标定的数据于文件中，单击 Save Probe 图标，屏幕出现如下窗口：

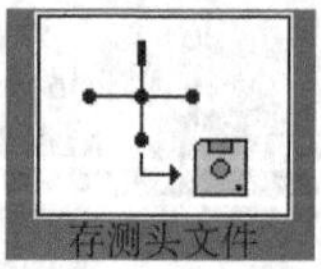

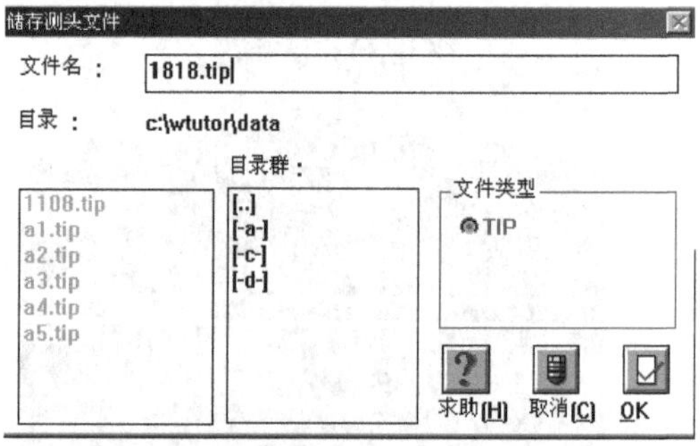

要存储标定的数据于文件中

要调用存储标定的数据于文件中，单击 Load probe 图标，屏幕出现如下窗口：

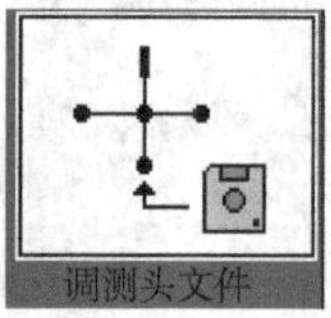

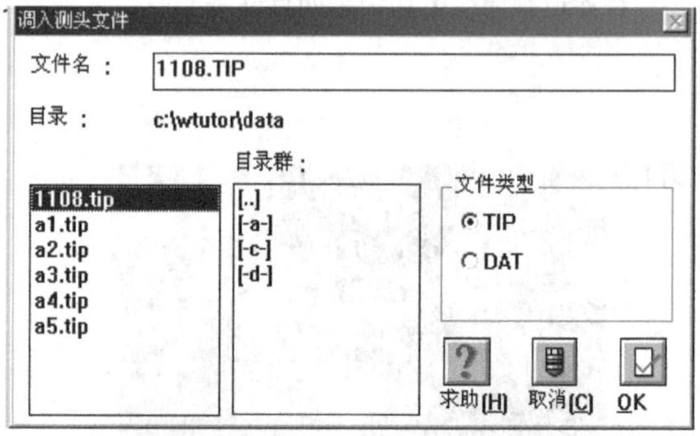

要调用存储标定的数据于文件中

要删除标定的数据于文件中，单击 DELETE 图标，屏幕出现如下窗口：

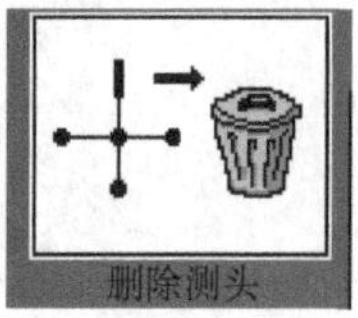

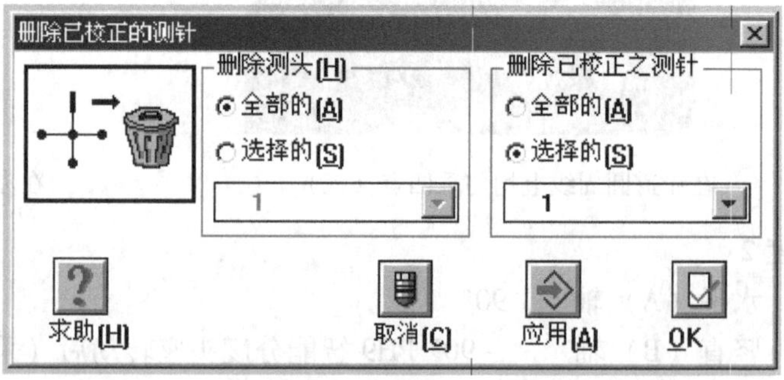

要删除标定的数据于文件中

六、三坐标测量机测头标定时的注意事项

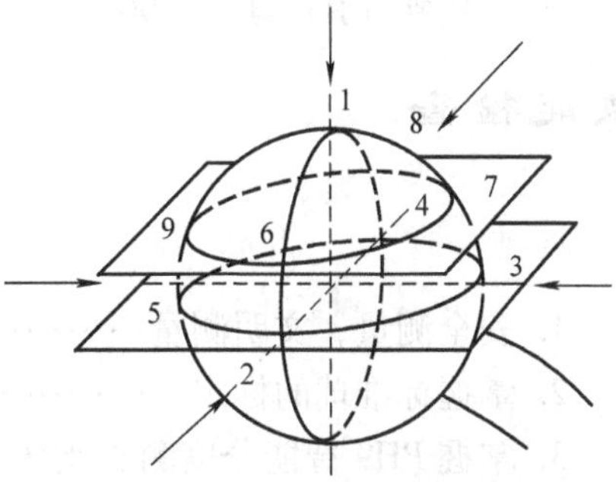

采样点要尽量均匀分布在球体表面

1）标定标准球时采样点要尽量均匀分布在球体表面。

2）转动智能分度头座时测尖应远离被测量工件。

3）注意只有在所配测头没有被更换、移动或碰撞的情况下，调用的标定数据文件才有效。如果测头被更换、移动或碰撞，必须重新标定。

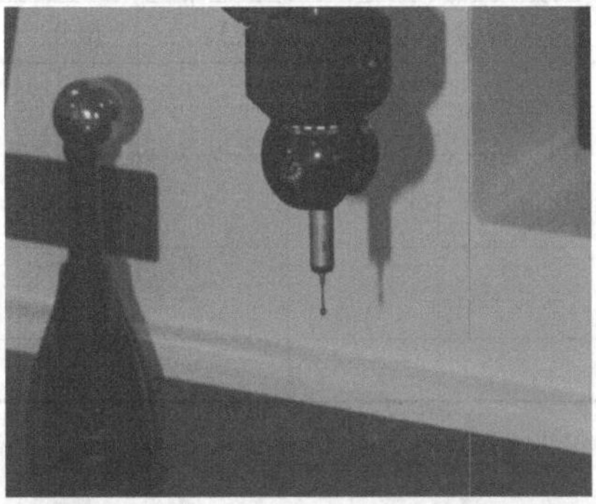
转动智能分度头座时测尖应远离被测量工件

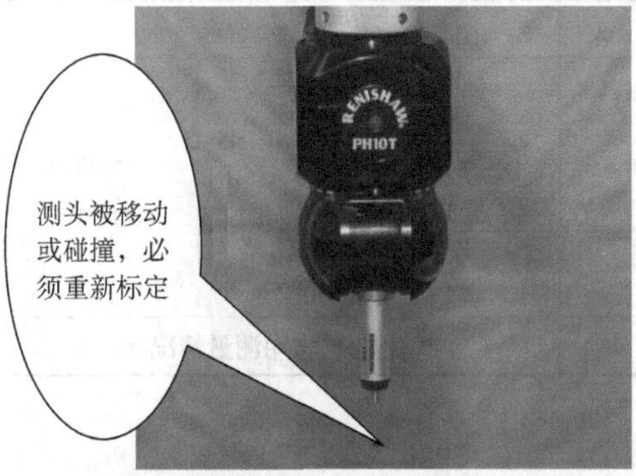

测头被移动或碰撞，必须重新标定

课题小结

本课题主要介绍了三坐标测量机测量头管理。测量头的结构、主要技术参数。其中应掌握采用 PH9 智能分度头座在水平（A）轴、竖直（B）轴实施定向转动测量。通过本课题的学习，可以了解测尖组合和测尖类型等。需着重掌握测尖标定是可获得测尖动态半径和测尖偏置。注意只有在所配测尖没有被更换、移动或碰撞的情况下，测尖标定数据文件才有效。如果测尖被移动或碰撞，必须进行重新标定。

思考与检查

1. 三坐标测量机测尖类型有______、______、______、______、______。
2. PH9 智能分度测头座可在______轴、______轴实施定向转动测量。
3. 标定数据的有效性：______、____________，测头标定数据始终有效。
4. 标准球应该被________安装在工作台面上。

技能练习

标定标准球时：采样点要尽量均匀分布在球体表面，（在顶端采一点，在赤道圆周线上均匀采四点，需要的话还可在回归圆周线上再采四点）。

（1）水平（A）轴　90°
　　竖直（B）轴　-135°
（2）水平（A）轴　15°

竖直（B）轴　90°

技能检查

完成情况

是　否

1. 安全测量，文明测量…………………………………………………… □ □
2. 掌握标准球的标定 …………………………………………………… □ □
3. 掌握 PH9 智能分度测头座转动……………………………………… □ □

测头标定练习检查评分表　（单位：mm）

项次	考核要求		配分	检验与考核记录(3次)			扣分	得分
1	水平(A)轴 75° 竖直(B)轴 30°	标准球的标定	32					
2	水平(A)轴 90° 竖直(B)轴 +90°		32					
3	水平(A)轴 15° 竖直(B)轴 90°		32					
4	安全、文明测量情况		4					

课题 14

三坐标测量机建立零件坐标系

学习目标

- 了解利用宏过程生成参考系。
- 了解利用宏过程坐标轴找正和原点设置。
- 掌握利用自由过程进行坐标轴找正和原点设置。
- 掌握存储、删除参考系。

相关工件、图样、量具和辅助物

1. 练习图样。
2. 三坐标测量机。
3. 被测量工件。

练习图样

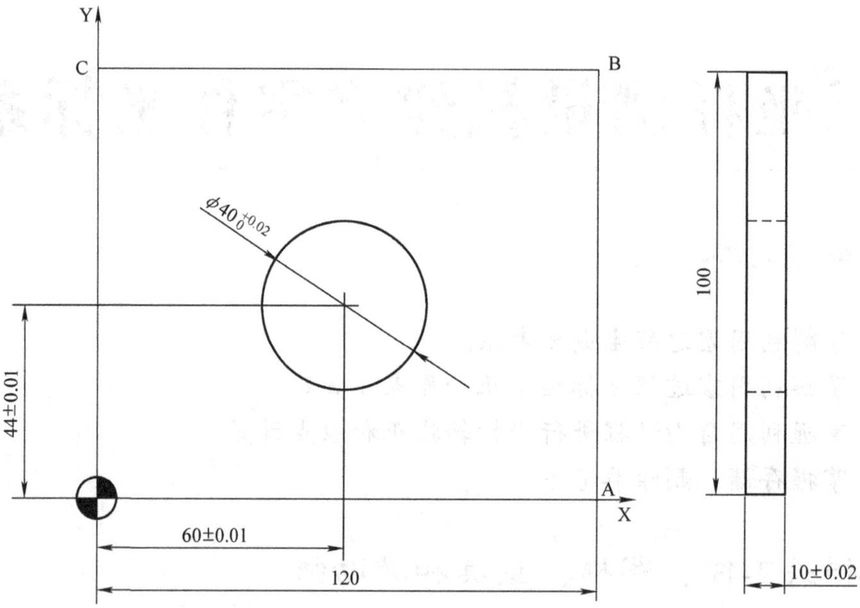

练习内容	材料	规格	工时 /min
测量	45 钢		300

一、建立零件参考坐标系的原则及类型

1. 建立零件参考坐标系须遵循的原则：

(1) 即先校正测头（标定）。

(2) 后建立坐标系。

把被测零件放置工作台面上，便可开始零件测量过程（零件安放不受机床参考系的约束）。

2. 建立零件参考坐标系类型

可用两种方法建立：

(1) 宏过程 （有四个建立参考系的宏过程供选择）根据零件特征在宏过程当中任选其一来找正新参考系中两个轴，在选定宏过程后，对相应几何元素进行测量，测量完成，可进行找正轴和（或）原点设置。

点击方法一：一个平面和一条直线。

单击一个几何元素图标（即一个宏过程）以创建一个零件参考坐标系。屏幕出现第一个几何元素。

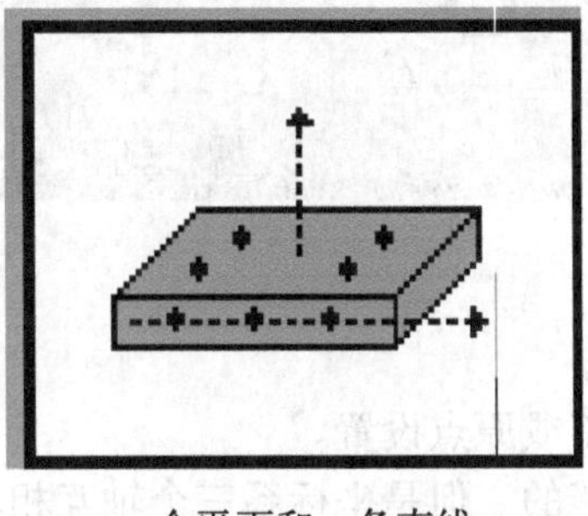

一个平面和一条直线

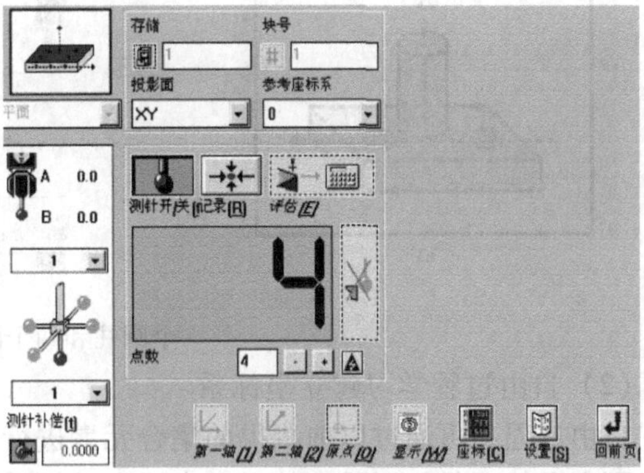

第一个几何元素

方法二：一个平面和两个圆心的连线。

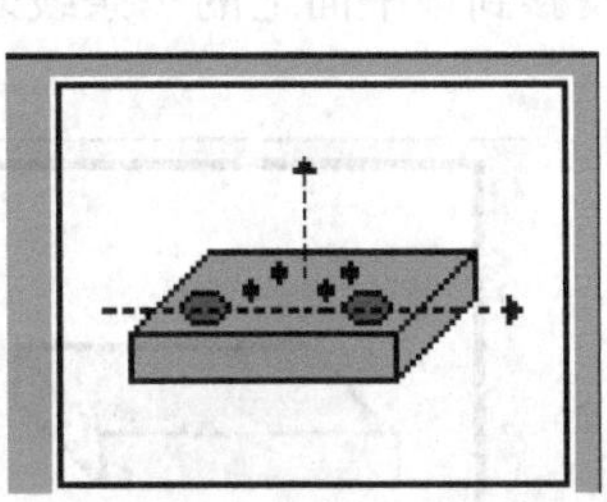

a)

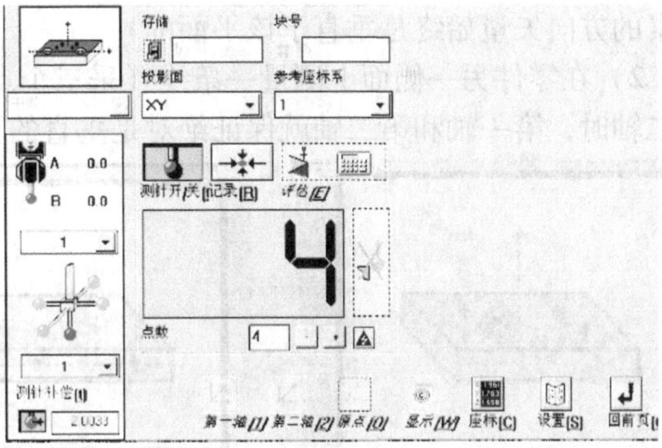

b)

一个平面和两个圆心连线

方法三：一个圆柱和一条直线。

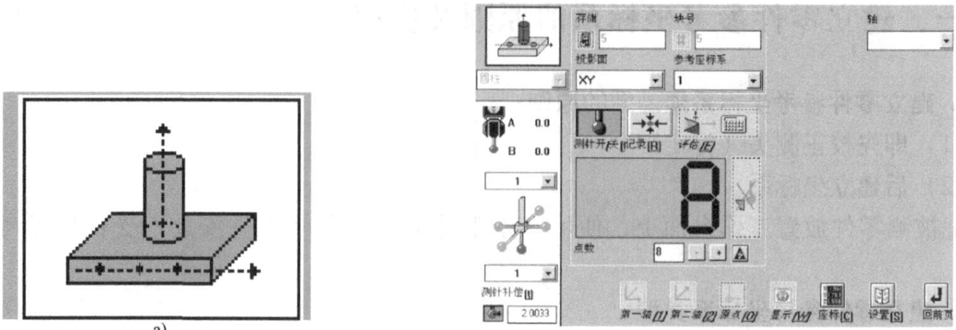

a)　　b)

一个圆柱和一条直线

方法四：一个圆柱和两个圆心的连线。

（可根据测量系统软件程序操作）

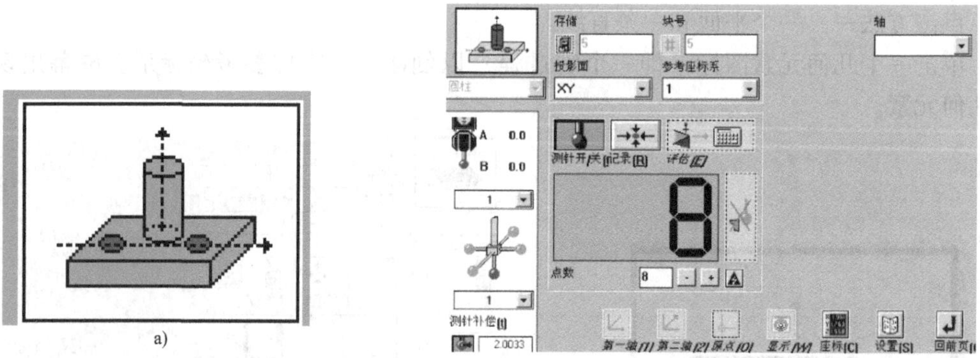

a)　　b)

一个圆柱和两个圆心的连线

（2）自由过程学习建立坐标系

自由过程：可通过以前测得的集合元素进行坐标轴找正或原点设置。

要在零件上找相互垂直的元素来建立坐标系是不太可能的。但是坐标系三个轴互相不垂直又不符合直角坐标系的原则。所以测量机软件建立零件坐标系要采用 3—2—1 的方法。

步骤：1）在零件上测量一个平面（采四个点）。（首先利用面元素确定第一轴，因为面元素的方向矢量始终是垂直于该平面的）

2）在零件另一侧面上测量一条线（采三个点）。（利用投影到该平面上的一条线来建立第二轴时，第一轴和第二轴就保证绝对是垂直的）。

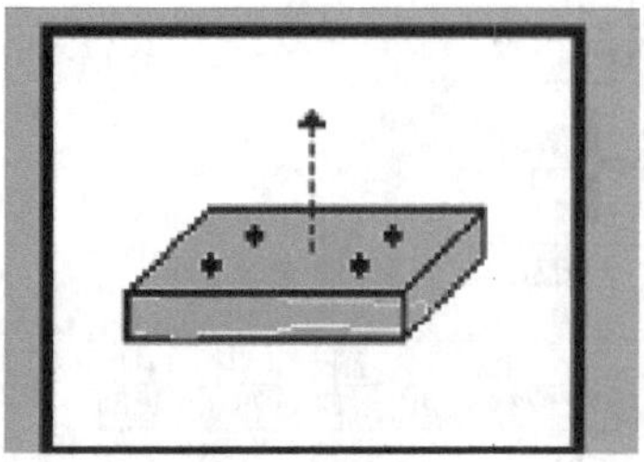

在零件上测量一个平面（采四个点）

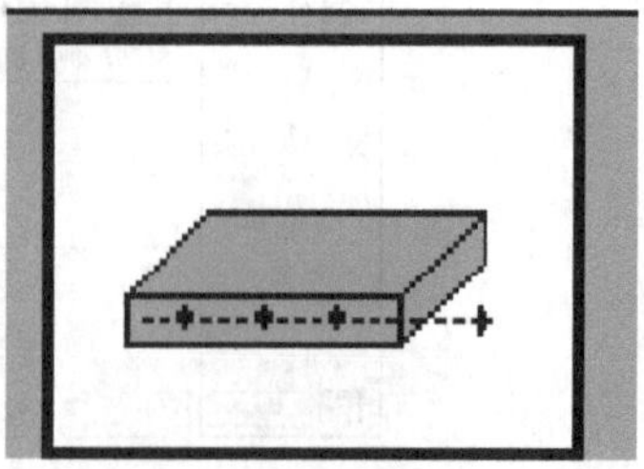

在零件另一侧面上测量一条线（采三个点）

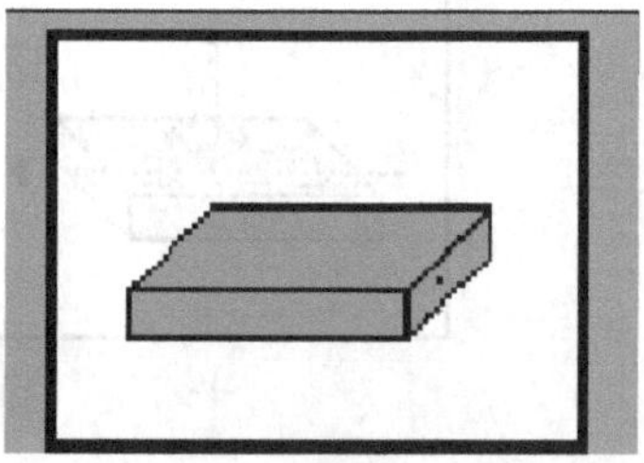

在零件右侧面上测量点（采一个点）

3）在零件右侧面上测量点（采一个点）。（第三轴就不用再建了，由软件自动生成垂直于前两轴的第三轴。这样测量机软件就建立了互相垂直的、符合直角坐标系原理的零件坐标系）。

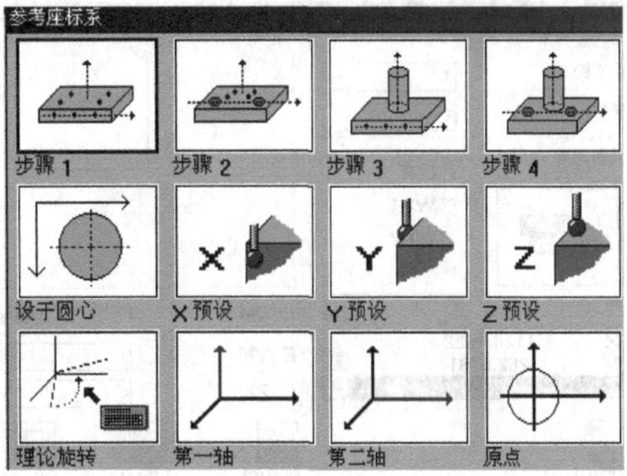

参考坐标系

元素测量完成后建立坐标系点击

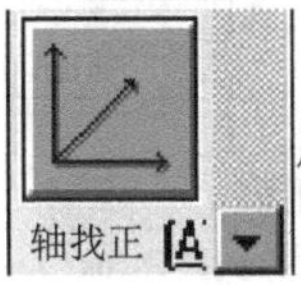

屏幕出现。

步骤：

① 点击

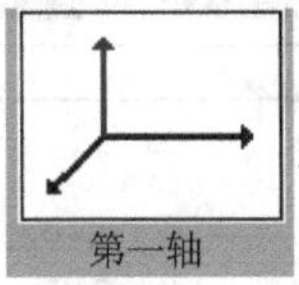

屏幕出现。

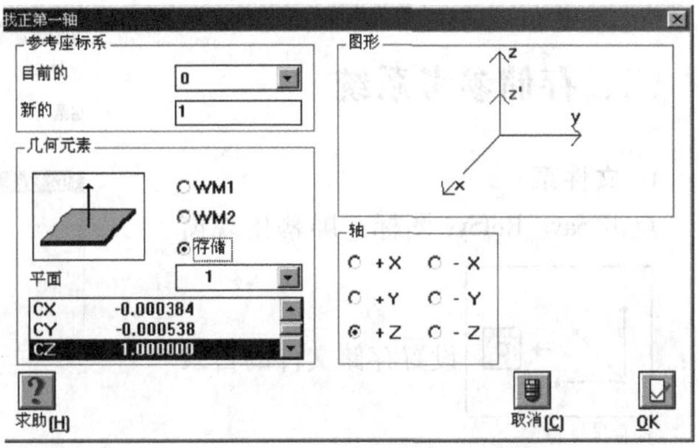

找正第一轴

找正第一轴 Z，设置 Z 为正号。

点击第一轴原点，屏幕出现。存储选平面 1 号，设置 $Z=0$。

② 点击

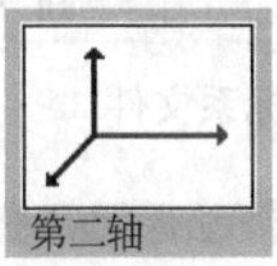

屏幕出现。

第二轴 Y 轴，设置固定 Z 轴找正。

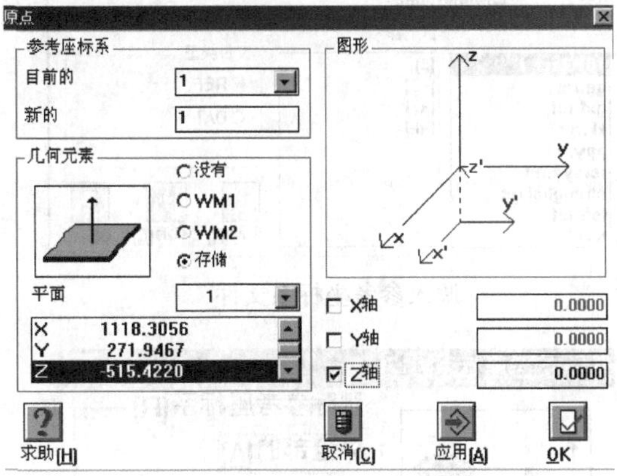

第一轴原点

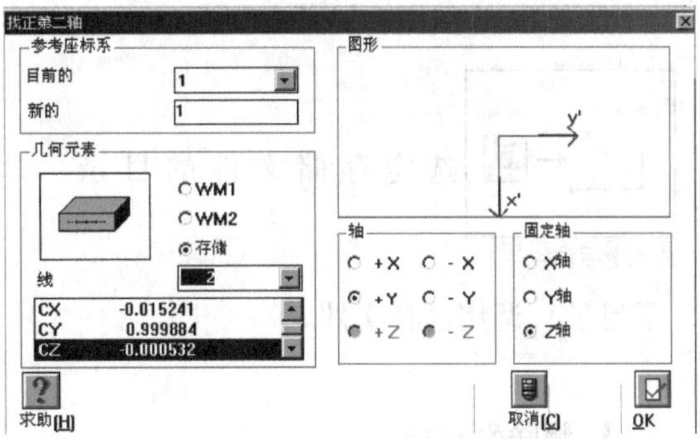

找正第二轴

点击第二轴原点，屏幕出现。选存储平面 2 号，设置 $X=0$。

③ 点击

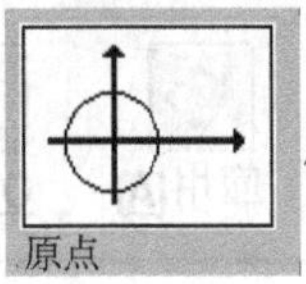

屏幕出现。第三轴点，原点的设置 $Y=0$。

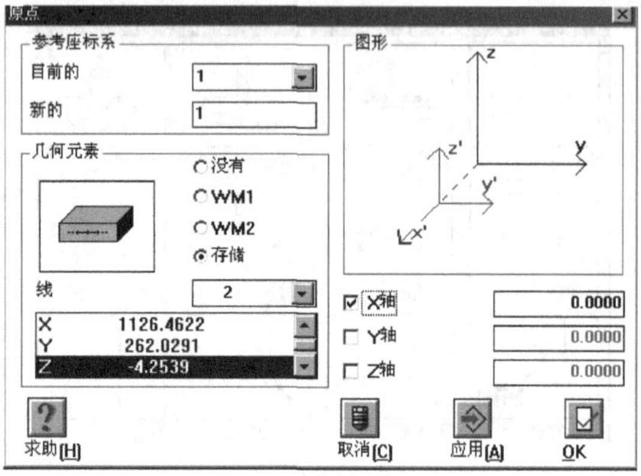

第二轴原点

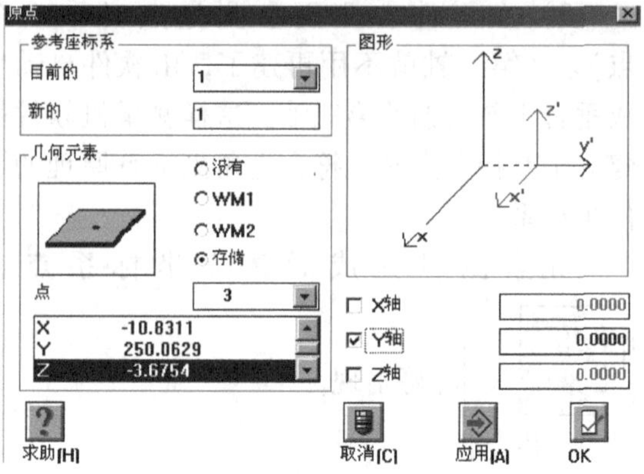

第三轴原点

二、存储参考系统

1. 文件系

点击 Save RefSys 图标，屏幕出现窗口：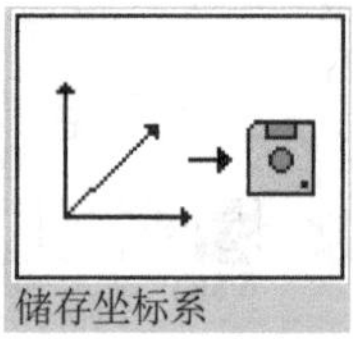

设置存储文件的目录（子目录）。

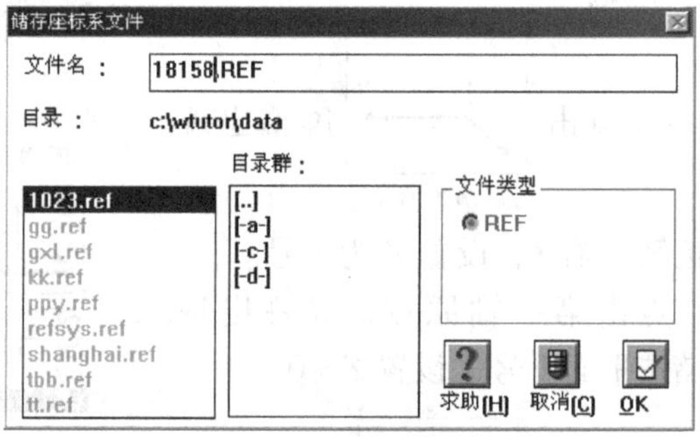

储存坐标系文件

2. 调用坐标系

点击 Load 图标，屏幕出现窗口：

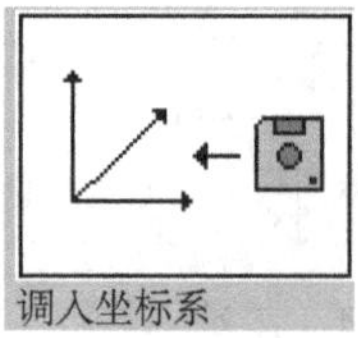

选定存储文件的目录（子目录）调用已存文件。

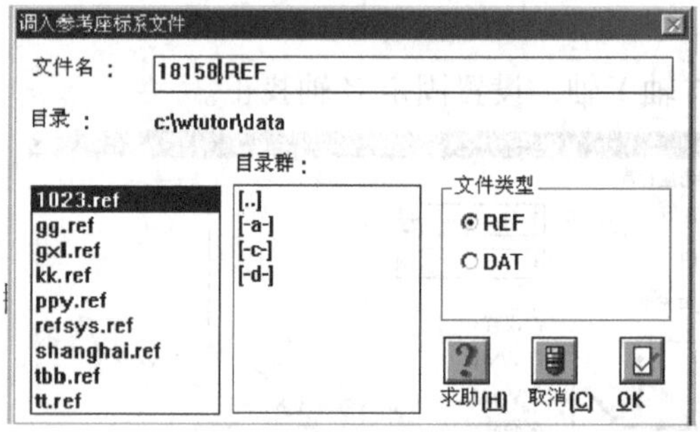

调入参考坐标系文件

3. 删除坐标系

点击 Delete RefSys 图标，屏幕出现窗口：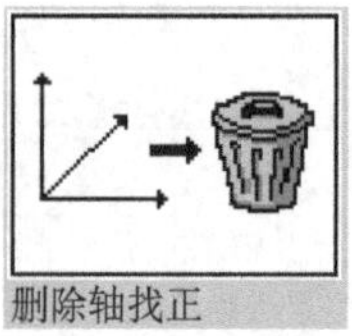

ALL 清除全部参考系 Selected 选择个别参考系删除。

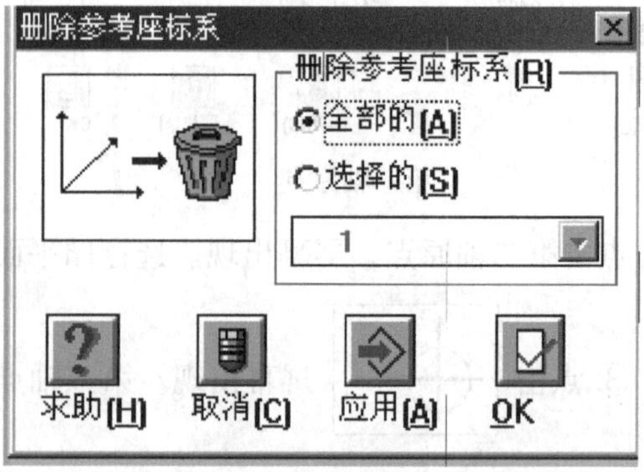

删除参考坐标系

三、建立零件参考坐标系时的注意事项

1）建立零件参考坐标系的原点的方法是把每个轴的原点设在一个或几个元素的特征点上。

（例如：角上、圆心）

2）建立零件坐标系，安放零件时，要保证零件上将要被测量的几何元素能够被正确采点。

零件大多数尺寸都是以零件上某些特定几何元素为参考系来测定的。

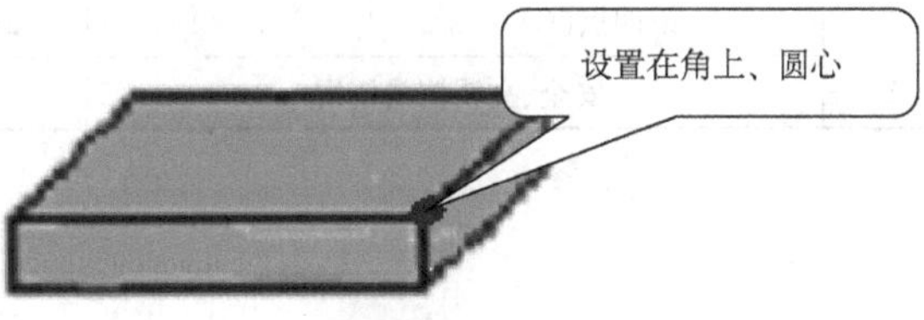

设置在角上、圆心

3）建立零件参考坐标系须遵循原则：

① 即先校正测头（标定）。

② 后建立坐标系。

课题小结

本课题主要介绍了三坐标测量机建立零件坐标系。建立零件坐标系的几种方法：宏过程和自由过程。通过本课题的学习可以了解利用宏过程建立零件坐标系和原点设置等。需着重掌握利用自由过程进行建立零件坐标系和原点设置，及坐标系存储、删除等。切记建立零件坐标系须遵循原则：(1) 先测尖标定，(2) 后建立坐标系。

思考与检查

1. 建立一个零件参考坐标系需做哪些工作：

______________________________；

______________________________。

2. 建立零件参考坐标系须遵循的原则：

______________________________。

技能练习

建立零件坐标系（4 个位置的建立）。

技能检查

	完成情况 是	否
1. 安全测量，文明测量 …………………………	□	□
2. 建立零件坐标系 …………………………	□	□

建立零件参考坐标系练习检查评分表 （单位：mm）

项次	考核要求		配分	检验与考核记录(3次)			扣分	得分
1	第一点(圆点)	建立零件坐标系	24					
2	第二点(A)		24					
3	第三点(B)		24					
4	第四点(C)		24					
5	安全、文明测量情况		4					

课题 15

三坐标测量机测量软件系统

学习目标

- 通过本课题的学习，了解三坐标测量机测量软件系统（测量元素、构造元素、元素间关系、几何公差检测）的结构。
- 掌握三坐标测量机的测量元素。
- 学会三坐标测量机测量存储器的管理。

相关工件、图样、量具和辅助物

1. 练习图样。
2. 三坐标测量机。
3. 被测量工件。

练习图样

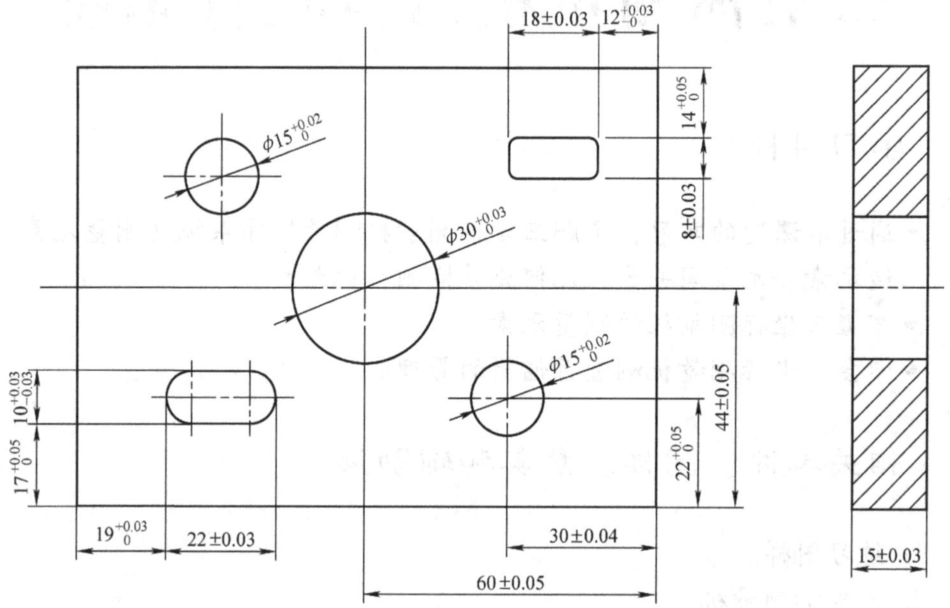

练习内容	材料	规格	工时 /min
测量	45 钢		300

一、测量软件系统的内容

1. 几何元素的测量

在完成测头标定及建立零件坐标系以后，便可开始几何元素的测量。

直接测量：直接测量几何元素获得要测量的尺寸（例如孔/外圆直径、圆心坐标等）。点击

测量 (M)

屏幕出现。有点、线、平面、孔/轴、球、圆柱、圆锥、槽、方槽等 15 项可供选择。

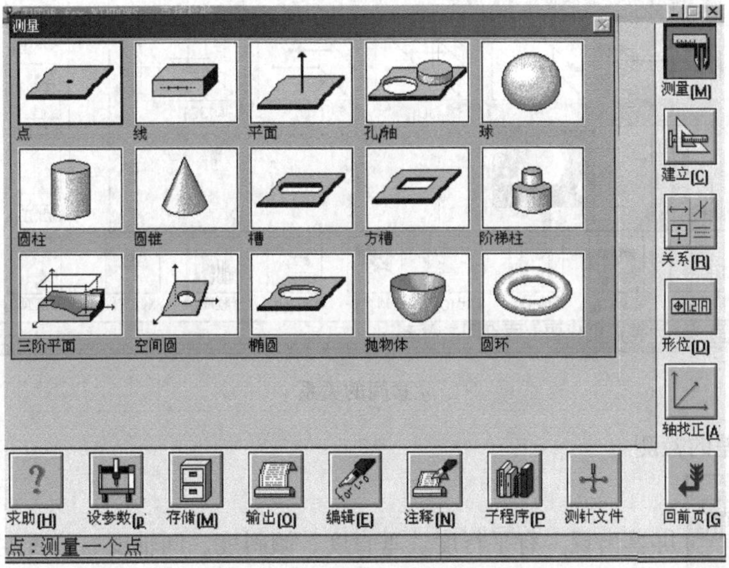

几何元素的测量

2. 构造元素

直接测量：通过被测的几何元素构造一新的几何元素获得要测的尺寸（例如 测量分布在圆周上的一圈孔而得到孔心圆的直径或坐标）。点击

建立 (M)

屏幕出现。有线、平面、孔/轴、球、圆柱、圆锥、圆槽、方槽、阶梯柱等 14 项可供选择。

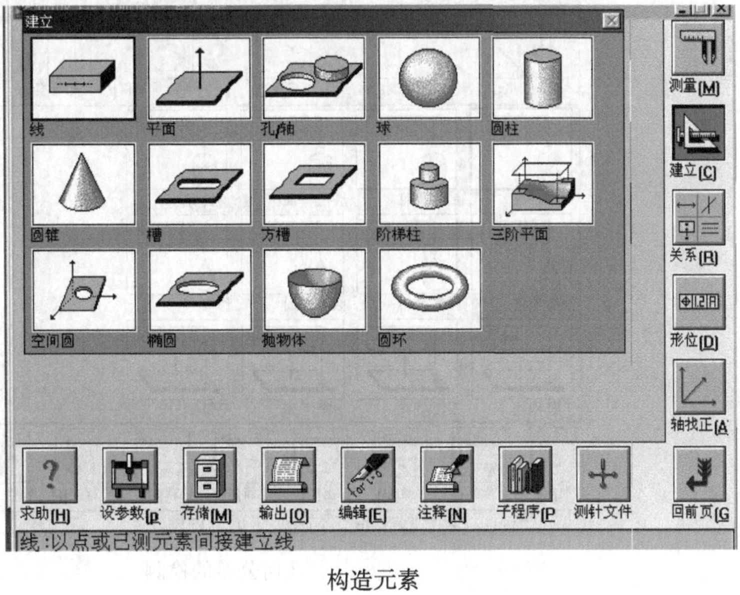

构造元素

3. 元素间的关系

点击 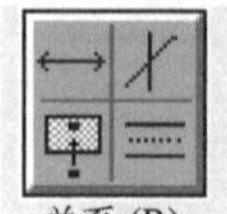

屏幕出现。有距离、相交、中点、投影、角度可供选择。

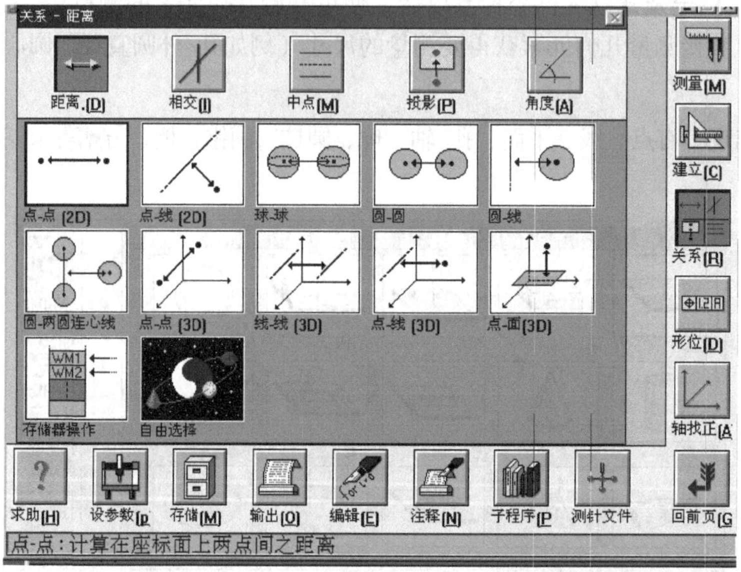

元素间的关系

4. 几何公差的检测

点击 

屏幕出现。有平行度、垂直度、倾斜度、同轴度、位置度可供选择。

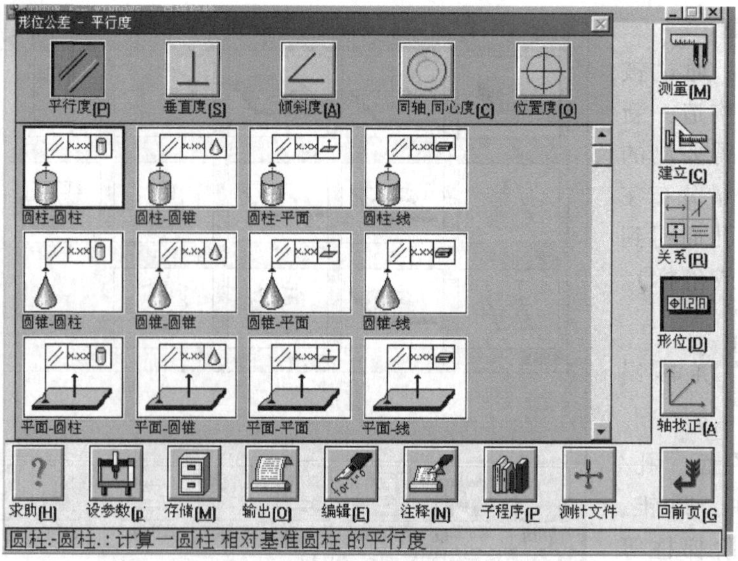

几何公差的检测

二、测量

1）开机（机床回零、PH9 回原点）。
2）标定标准球。
3）建立零件坐标系。
4）测量

点击 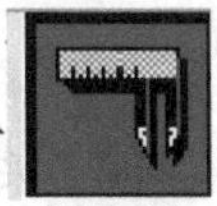 测量 (M)；点击被测元素 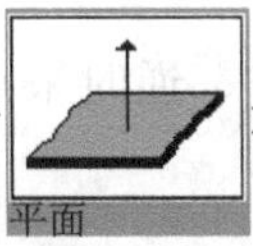

在平面上采四点。（尽可能采点均匀分布）。

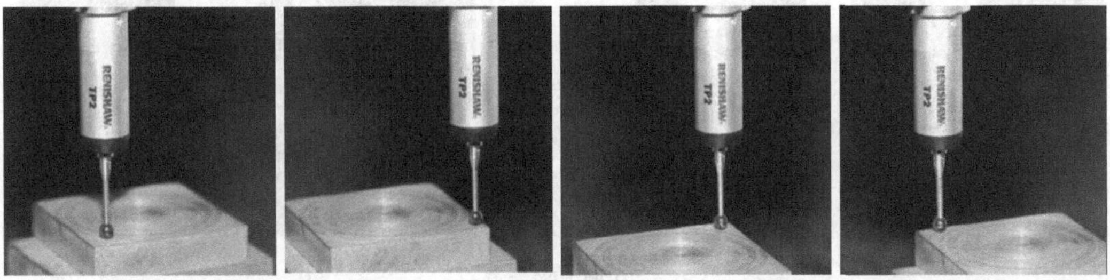

在平面上采四点

点击被测元素 

在孔轴上采四点。

（尽可能采点均匀分布并采在同一截面）。

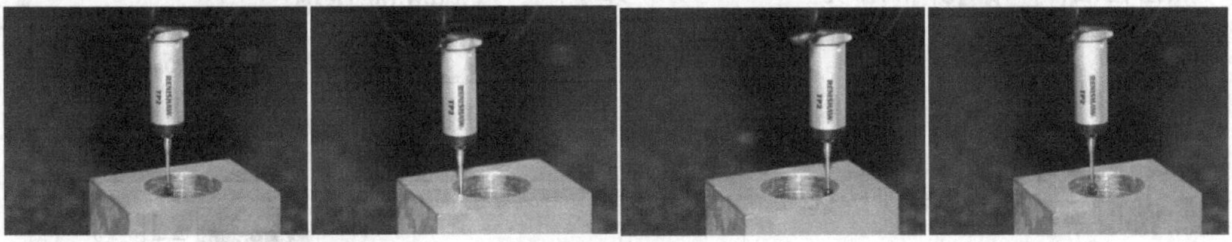

在孔轴上采四点

点击被测元素 

在圆柱上采八点。

（上、下平面各采四点，尽可能均匀分布，并尽可能采在同一截面）。

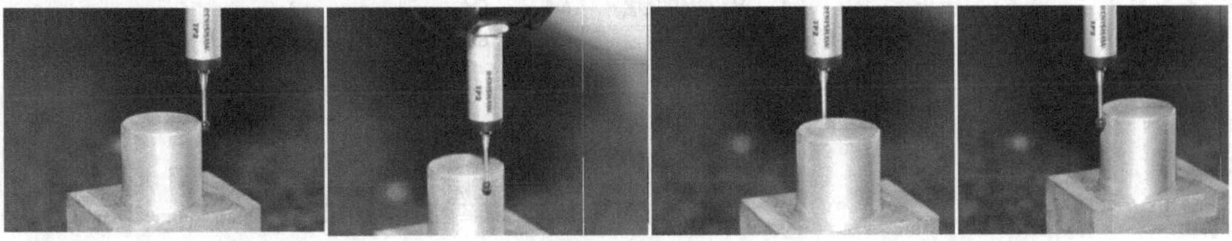

在圆柱上采八点

点击被测元素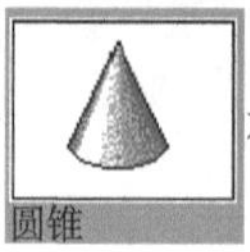

在圆锥上采七点。

（上平面采三点、下平面采四点。尽可能采点均匀分布，并在同一截面）。

点击被测元素

在槽上采六点。

（在圆槽边缘采两一点、在槽长上采点，或顺时、逆时采点并尽可能采在同一截面上）。

在圆锥上采七点

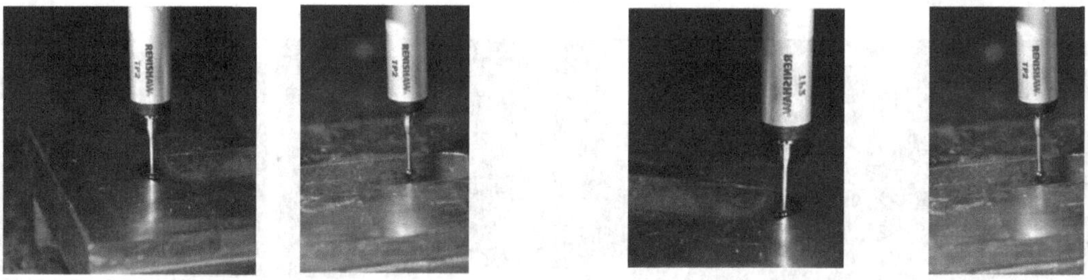

在槽上采六点

三、测量存储器的管理

点击输出

屏幕出现。

取文件名打开 OK。

点击

屏幕出现；选择测量内容点

。

屏幕出现窗口，确定按 OK。

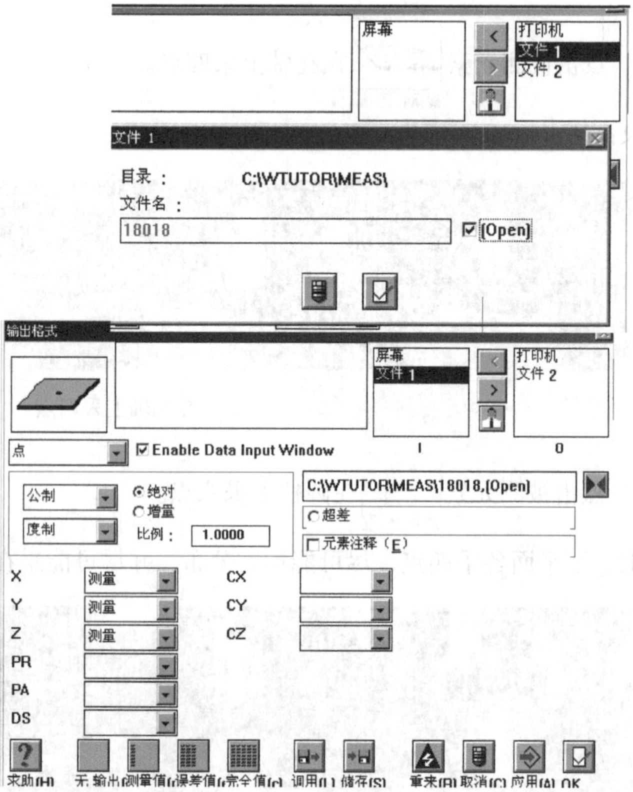

文件 1

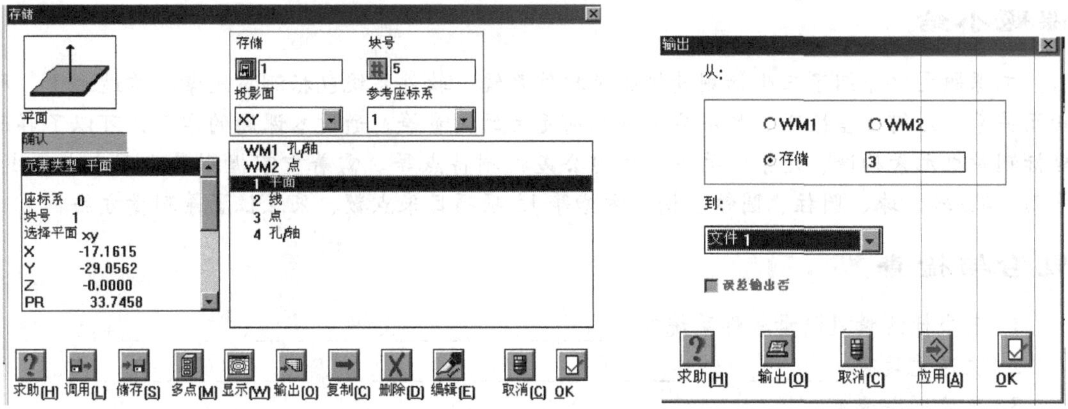

选择测量内容

四、注意事项

1. 测量前

1）必须先标定标准球。

2）建立零件坐标系。

2. 测量中

1）当测头与工件离开 10mm 时，按减速 键。

测头与工件上下离开 10mm 减速

2）采点完成，测头迅速离开工件。

3）采点数是计算几何元素形状误差要求的最小采点数。

3. 测量后

PH9 智能分度头座转动

水平（A）轴必须转动 90°。

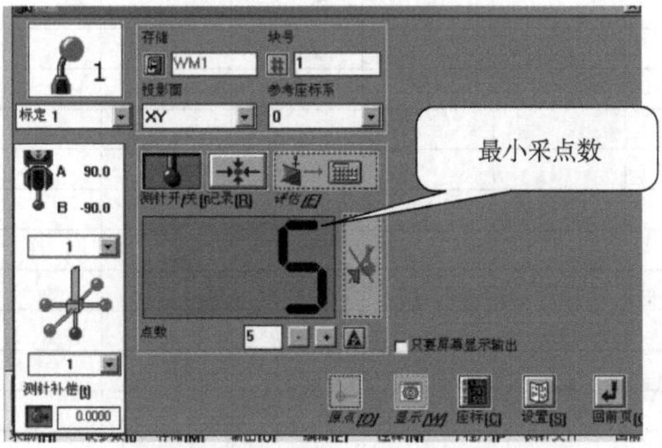

采点数是计算几何元素形状误差要求的最小采点数

水平（A）轴必须转动 90°

课题小结

本课题主要介绍了三坐标测量机测量软件系统。软件系统包括测量元素、构造元素、元素间关系、几何公差检测。其中应掌握几何元素的测量等。通过本课题的学习，可以了解三坐标测量机元素构造、元素间关系、几何公差检测特点等。需着重掌握测量元素中点、线、平面、孔/轴、球、圆柱、圆锥、槽、方槽等15项项目采点数、采点位置等测量方法。

思考与检查

1. 三坐标测量机测量软件系统有________、________、________、________。
2. 构造元素有________、________、________、________、________、________。
3. 元素间关系有________、________、________、________、________。
4. 几何公差检测有________、________、________、________、________。
5. 测量元素有________、________、________、________、________、________。

技能练习

完成下列操作：

测量平面、孔/轴、圆柱、圆锥、方槽等。

技能检查

	完成情况 是	否
1. 安全测量，文明测量 ……	□	□
2. 测量平面、孔轴 ……	□	□
3. 测量方槽、圆槽 ……	□	□
4. 测量完成的质量 ……	□	□

测量练习检查评分表 （单位：mm）

项次	考核项目	考核要求	配分	检验与考核记录(3次)			扣分	得分
1	内孔	$\phi 30^{+0.03}_{0}$	8					
2		$\phi 15^{+0.02}_{0}$	8					
3		$\phi 15^{+0.02}_{0}$	8					
4	槽中心距	12 ± 0.03	8					
5	槽长	18 ± 0.03	8					
6	槽宽	10 ± 0.03	6					
7		8 ± 0.03	6					
8	尺寸	60 ± 0.05	4					
9		44 ± 0.05	4					
10		30 ± 0.04	5					
11		$22^{+0.03}_{-0.03}$	6					
12		$22^{+0.05}_{0}$	6					
13		$17^{+0.05}_{0}$	6					
14		$19^{+0.03}_{0}$	6					
15		15 ± 0.03	6					
16	安全、文明测量情况		5					

读者信息反馈表

感谢您购买《量具、量仪与测量技术》一书。为了更好地为您服务，有针对性地为您提供图书信息，方便您选购合适图书，我们希望了解您的需求和对我们教材的意见和建议，愿这小小的表格为我们架起一座沟通的桥梁。

<table>
<tr><td>姓　名</td><td></td><td>所在单位名称</td><td colspan="2"></td></tr>
<tr><td>性　别</td><td></td><td>所从事工作（或专业）</td><td colspan="2"></td></tr>
<tr><td>通信地址</td><td colspan="2"></td><td>邮　编</td><td></td></tr>
<tr><td>办公电话</td><td colspan="2"></td><td>移动电话</td><td></td></tr>
<tr><td>E-mail</td><td colspan="4"></td></tr>
<tr><td colspan="5">1. 您选择图书时主要考虑的因素：（在相应项前面√）
（　）出版社　（　）内容　（　）价格　（　）封面设计　（　）其他
2. 您选择我们图书的途径（在相应项前面√）
（　）书目　（　）书店　（　）网站　（　）朋友推介　（　）其他</td></tr>
<tr><td colspan="5">希望我们与您经常保持联系的方式：
□电子邮件信息　□定期邮寄书目
□通过编辑联络　□定期电话咨询</td></tr>
<tr><td colspan="5">您关注（或需要）哪些类图书和教材：</td></tr>
<tr><td colspan="5">您对我社图书出版有哪些意见和建议（可从内容、质量、设计、需求等方面谈）：</td></tr>
<tr><td colspan="5">您今后是否准备出版相应的教材、图书或专著（请写出出版的专业方向、准备出版的时间、出版社的选择等）：</td></tr>
</table>

非常感谢您能抽出宝贵的时间完成这张调查表的填写并回寄给我们，您的意见和建议一经采纳，我们将有礼品回赠。我们愿以真诚的服务回报您对机械工业出版社技能教育分社的关心和支持。

请联系我们——

地　　址　北京市西城区百万庄大街 22 号　机械工业出版社技能教育分社

邮　　编　100037

编辑电话　（010）88379761

社长电话　（010）88379080　88379083　68329397（带传真）

E-mail　wyjyxd@ sina. com